通信网络技术基础

主 编　张　楠　蒙连超
副主编　胡志强　徐嘉晗　马　丹

武汉理工大学出版社
·武　汉·

【内 容 提 要】

本书共分为 10 个学习项目,内容包括通信的发展、工程施工流程、服务人员行为规范、通信网、光传输系统、微波和卫星传输系统、移动通信系统、交换系统、其他通信网、通信电源系统。

本书层次分明,条理清晰,结构合理,概念阐述准确,内容通俗易懂。

本书可供高职、高专学校通信类专业使用,同时也可作为有关工程技术人员的参考用书。

图书在版编目(CIP)数据

通信网络技术基础/张楠,蒙连超主编. —武汉:武汉理工大学出版社,2017.8
(2020.11 重印)
ISBN 978-7-5629-5607-5

Ⅰ.① 通⋯　Ⅱ.① 张⋯　②蒙⋯　Ⅲ.①通信网-研究　Ⅳ.①TN915

中国版本图书馆 CIP 数据核字(2017)第 202675 号

项目负责人:彭佳佳　　　　　　　　　　　责任编辑:彭佳佳
责 任 校 对:李正五　　　　　　　　　　　封面设计:芳华时代
出 版 发 行:武汉理工大学出版社
社　　　　址:武汉市洪山区珞狮路 122 号
邮　　　　编:430070
网　　　　址:http://www.wutp.com.cn
经　　　　销:各地新华书店
印　　　　刷:湖北恒泰印务有限公司
开　　　　本:787×1092　1/16
印　　　　张:9
字　　　　数:220 千字
版　　　　次:2017 年 8 月第 1 版
印　　　　次:2020 年 11 月第 4 次印刷
定　　　　价:48.50 元

前　言

随着通信技术的不断发展,通信作为社会的基础设施,越来越与人们的日常生活密切相关,成为当今人类社会交往的桥梁和纽带,同时通信技术也是当代生产力中最为活跃的技术因素,对生产力的发展和人类社会的进步起着直接的推动作用。所以对这个重要领域我们应该有一个很全面的认识。

高等职业院校作为高等教育的一个类型,需要培养的是高素质技能型人才。本书为适应高等职业院校的教学特点,按照项目化教学的课程开发理念,从简单到复杂逐步设计教学过程,以"项目导向、任务驱动"为原则设计教学内容。

本书编写的目的是使通信类专业的学生在入学初期就能对所学专业有一个全面而清晰的认识。本书主要内容包括通信的发展、工程施工流程、服务人员行为规范、通信网、光传输系统、微波和卫星传输系统、移动通信系统、交换系统、其他通信网、通信电源系统。

本书由张楠、蒙连超担任主编,胡志强、徐嘉晗、马丹任副主编。在本书的编写过程中,我们参考了大量的相关资料,在此向这些资料的作者表示衷心的感谢。由于编者水平有限,书中难免存在疏漏和不当之处,敬请各位读者批评指正。

编　者

2017 年 5 月

目　　录

学习项目一　通信的发展

1.1　任务一　古代通信

知识目标:了解古代的通信方式
能力目标:熟知古代通信
素质目标:培养学生的学习兴趣
教学重点:什么是古代通信,古代的通信方式
教学难点:理解古代通信的意义

1.1.1　任务描述

李雷高考后选择了通信专业,但是他不知道通信具体是做什么的,老师建议他从认识古代通信开始。

1.1.2　认识古代通信

在远古时候,我国通过击鼓传递信息,最早在原始社会末期便出现了这种模式。到西周时期,我国已经有了比较完整的邮驿制度。春秋战国时期,随着政治、经济和文化的进步,邮驿通信逐渐完备起来。三国时期,曹魏在邮驿史上最大的建树是制定《邮驿令》。隋唐邮驿事业发达的标志之一是驿的数量的增多。元朝时期,邮驿又有了很大发展。清代邮驿制度改革的最大特点是"邮"和"驿"的合并。清代中叶以后,随着近代邮政的建立,古老的邮驿制度就逐渐被淘汰了。

通信是人们进行社会交往的重要手段,其历史悠久,因此在古今中外都产生了很多与之相关的趣闻。我们的祖先在没有发明文字和使用交通工具之前,就已经能够互相通信了。当时人们通信,很可能是采取以物示意的通信方法。我国古代民间有种种通信方式。古时写信用绢帛,把信折叠成鲤鱼形。唐朝李商隐《寄令狐郎中》诗:"嵩云秦树久离居,双鲤迢迢一纸书。休问梁园旧宾客,茂陵秋雨病相如。"古乐府诗《饮马长城窟行》有"客从远方来,遗我双鲤鱼"之语。汉代时苏武出使匈奴,被流放在北海边牧羊,与朝廷联系中断。苏武利用候鸟春北秋南的习性,写了一封信系在大雁的腿上。此雁飞到汉朝皇家的花园后,皇帝得知了苏武的情形。朝廷据此通过外交途径把他接了回来。

唐玄宗时,都城长安有一富翁杨崇义,家中养了一只绿色鹦鹉。杨妻刘氏与李某私

通,合谋将杨杀害。官府派人至杨家查看现场时,挂在厅堂的鹦鹉忽然口吐人语,连叫"冤枉"。官员感到奇怪,问道:"你知道是谁杀害杨崇义的?"鹦鹉答:"杀害家主的是刘氏和李某。"此案上报朝廷后,唐玄宗特封这只鹦鹉为"绿衣使者"。

1.1.3　古代的通信方式

1. 烽火传军情

"烽火"是我国古代用以传递边疆军事情报的一种通信方法,始于商周,延至明清,相沿几千年之久,其中尤以汉代的烽火组织规模为大。在边防军事要塞或交通要冲的高处,每隔一定距离建筑一高台,俗称烽火台,亦称烽燧、墩堠、烟墩等。高台上有驻军守候,发现敌人入侵,白天燃烧柴草以"燔烟"报警,夜间燃烧薪柴以"举烽(火光)"报警。一台燃起烽烟,邻台见之也相继举烽,逐台传递,须臾千里,以达到报告敌情、调兵遣将、求得援兵、克敌制胜的目的。在我国历史上,还有一个周幽王为了讨得美人欢心而随意点燃烽火,最终导致亡国的"烽火戏诸侯"的故事。

2. 鸿雁传书

"鸿雁传书"的典故,出自《汉书·苏武传》中"苏武牧羊"的故事。据载,汉武帝天汉元年(公元前100年),汉朝使臣中郎将苏武出使匈奴被鞮侯单于扣留,他英勇不屈,单于便将他流放到北海(今贝加尔湖)无人区牧羊。19年后,汉昭帝继位,汉匈和好,结为姻亲。汉朝使节来匈,要求放苏武回去,但单于不肯,却又说不出口,便谎称苏武已经死去。后来,汉昭帝又派使节到匈奴,和苏武一起出使匈奴并被扣留的副使常惠,通过禁卒的帮助,在一天晚上秘密会见了汉使,把苏武的情况告诉了汉使,并想出一计,让汉使对单于讲:"汉朝天子在上林苑打猎时,射到一只大雁,足上系着一封写在帛上的信,上面写着苏武没死,而是在一个大泽中。"汉使听后非常高兴,就按照常惠的话来责问单于。单于听后大为惊奇,却又无法抵赖,只好把苏武放回。有关"鸿雁传书",民间还流传着另一个故事。唐朝薛平贵远征在外,妻子王宝钏苦守寒窑数十年矢志不移。有一天,王宝钏正在野外挖野菜,忽然听到空中有鸿雁的叫声,勾起她对丈夫的思念。动情之中,她请求鸿雁代为传书给远征在外的薛平贵,但是荒郊野地哪里去寻笔墨?情急之下,她便撕下罗裙,咬破指尖,用血和泪写下了一封思念夫君、盼望夫妻早日团圆的书信,让鸿雁捎去。

以上两则"鸿雁传书"的故事已经流传了千百年,而"鸿雁传书"也就渐渐成了邮政通信的象征了。

3. 鱼传尺素

在我国古诗文中,鱼被看作传递书信的使者,并用"鱼素"、"鱼书"、"鲤鱼"、"双鲤"等作为书信的代称。古时候,人们常用绢帛书写书信,到了唐代,进一步流行用织成界道的绢帛来写信,由于唐人常用一尺长的绢帛写信,故书信又被称为"尺素"("素"指白色的生绢)。因捎带书信时,人们常将尺素结成双鲤之形,所以就有了李商隐"双鲤迢迢一纸书"的说法。显然,这里的"双鲤"并非真正的两条鲤鱼,而只是结成双鲤之形的尺素罢了。书信和"鱼"的关系,其实在唐以前就有了。秦汉时期,有一部乐府诗集叫《饮马长城窟行》写道:"客从远方来,遗我双鲤鱼。呼儿烹鲤鱼,中有尺素书。长跪读素书,书中竟何如?上言加餐食,下言长相忆。"这首诗中的"双鲤鱼",也不是真的指两条鲤鱼,而是指用两块板拼起来的一条木刻鲤鱼。在东汉蔡伦发明造纸术之前,没有现在的信封,写有书信的竹简、木牍或尺素是夹在两块木板里的,而这两块木板被刻成了鲤鱼的形状,便成了诗中的"双鲤鱼"了。两块鲤鱼形木板合在一起,用绳子在木板上的三道线槽内捆绕三圈,再穿过一个方孔缚住,在打结的地方用极细的黏土封好,然后在黏土上盖上玺印,就成了"封泥",这样可以防止在送信途中信件被私拆。至于诗中所用的"烹"字,也不是真正去"烹饪",而只是一个风趣的用字罢了。

4. 青鸟传书

青鸟是西王母的随从与使者,它们能够飞越千山万水传递信息,将吉祥、幸福、快乐的佳音传播到人间。据说,西王母曾经给汉武帝写过书信,西王母派青鸟前去传书,而青鸟则一直把西王母的信送到了汉宫承华殿前。在以后的神话中,青鸟又逐渐演变成为百鸟之王——凤凰。南唐中主李璟有诗"青鸟不传云外信,丁香空结雨中愁",唐代李白有诗"愿因三青鸟,更报长相思",李商隐有诗"蓬山此去无多路,青鸟殷勤为探看",崔国辅有诗"遥思汉武帝,青鸟几时过",借用的均是"青鸟传书"的典故。

5. 黄耳传书

《晋书·陆机传》:"初机有骏犬,名曰黄耳,甚爱之。既而羁寓京师,久无家问……机乃为书以竹筒盛之而系其颈,犬寻路南走,遂至其家,得报还洛。其后因以为常。"

宋代尤袤《全唐诗话·僧灵澈》:"青蝇为吊客,黄犬寄家书。"苏轼《过新息留示乡人任师中》诗:"寄食方将依白足,附书未免烦黄耳。"元代王实甫《西厢记》第五本第二折:"不闻黄犬音,难传红叶诗,驿长不遇梅花使。""黄耳传书"在元代之后也多次出现。

6. 飞鸽传书

飞鸽传书,大家都比较熟悉,因为现在还有信鸽协会,并常常举办长距离的信鸽飞行比赛。

信鸽在长途飞行中不会迷路,源于它所特有的一种能力,即可以通过感受地球磁场来辨别方向。信鸽传书确切的开始时间,现在还没有一个明确的说法,但早在唐代,信鸽传书就已经很普遍了。五代王仁裕《开元天宝遗事》一书中有"传书鸽"的记载:"张九龄少年时,家养群鸽。每与亲知书信往来,只以书系鸽足上,依所教之处,飞往投之。九龄目为飞奴,时人无不爱讶。"张九龄是唐朝政治家和诗人,他不但用信鸽来传递书信,还给信鸽起了一个美丽的名字——"飞奴"。此后的宋、元、明、清诸朝,信鸽传书一直在人们的通信生活中发挥着重要作用。

在我国的历史记载上,信鸽主要被用于军事通信。譬如在公元1128年,南宋大将张浚视察部下曲端的军队。张浚来到军营后,竟见空荡荡的没有人影,他非常惊奇,要曲端把他的部队召集到眼前。曲端闻言,立即把自己统帅的五个军的花名册递给张浚,请他随便点看哪一军。张浚指着花名册说:"我要在这里看看你的第一军。"曲端领命后,不慌不忙地打开笼子放出了一只鸽子,顷刻间,第一军全体将士全副武装,飞速赶到。张浚大为震惊,又说:"我要看你全部的军队。"曲端又开笼放出四只鸽子,很快,其余的四军也火速赶到。面对整齐地集合在眼前的部队,张浚大喜,对曲端更是一番夸奖。其实,曲端放出的五只鸽子,都是训练有素的信鸽,它们身上早就被绑上了调兵的文书,一旦从笼中放出,立即飞到指定的地点,把调兵的文书送到相应的部队手中。

7. 风筝通信

我们今天娱乐用的风筝,在古时候曾作为一种应急的通信工具,发挥过重要的作用。传说早在春秋末期,鲁国巧匠公输盘(即鲁班)就曾仿照鸟的造型"削竹木以为鹊,成而飞之,三日不下",这种以竹木为材制成的会飞的"木鹊",就是风筝的前身。到了东汉,蔡伦发明了造纸术,人们又用竹篾做架,再用纸糊之,便成了"纸鸢"。五代时期人们在做纸鸢时,在上面拴上了一个竹哨,风吹竹哨,声如筝鸣,"风筝"这个称谓便由此而来。

最初的风筝是出于军事上的需要而制作的,它的主要用途是军事侦察,或是传递信息和军事情报。到了唐代以后,风筝才逐渐成为一种娱乐的玩具,并在民间流传开来。

军事上利用风筝的例子,史书上多有记载。楚汉相争时,刘邦围困项羽于垓下,韩信向刘邦建议用绢帛竹木制作大型风筝,在上面装上竹哨,于晚间放到楚营上空,发出"呜呜"的声响,同时汉军在地面上高唱楚歌,引发楚军的思乡之情,从而瓦解了楚军的士气,赢得了战事的胜利。

8. 竹筒传书

在我国历史上,还有用竹筒传书的故事。竹筒传书的故事,得从隋文帝开皇十一年(591年)说起。那年十一月,南方各地纷纷发生叛乱,为了平定叛乱,稳定江山,隋文帝紧急下诏,任命杨素为行军总管,率军前去讨伐。

杨素率领水军渡江进入江南,接连打了好几个胜仗,收复了京口、无锡等地,士气非常旺盛。于是,杨素一鼓作气,率领主力部队追踪叛军,一直追到了海边。面对绵延的山脉和茫茫的大海,杨素一面命令大部队就地驻扎,一面指派行军总管史万岁率领军队两千人,翻山越岭穿插到叛军的背后发动进攻。

史万岁率部猛进,转战于山林溪流之间,前后打了许多胜仗,收复了大片的失地。当他想把胜利的战况向上级汇报时,却因交通的阻绝和信息的不畅而无法与大部队取得联系。一日,他站在山顶临风而望,看到前面茂密的竹林正呈波浪状随风而舞,忽有所悟,立即派人截了一节竹子,把写好的战事报告装了进去,封好后放入水中,任其漂流而下。几天后,有一个挑水的乡人看到了这个竹筒,便打捞起来打开一看,发现了史万岁封在里面的报告,便按报告上的提示将它送到了杨素手中。史万岁一去无音讯,不知生死,为此杨素正焦急不安,忽见乡人送来报告,大喜过望,立即把史万岁部队接连取得胜利的战况向朝廷作了报告。隋文帝听到喜报,龙颜大悦,立即提拔史万岁为左领军将军。然后,杨素率领大部队,继续乘胜追击反隋散兵,没用多久,就彻底平定了叛乱。

9.灯塔

灯塔起源于古埃及的信号烽火。世界上最早的灯塔建于公元前7世纪,位于达尼尔海峡的巴巴角上,像一座巨大的钟楼矗立着。那时人们在灯塔里燃烧木柴,利用它的火光指引航向。

公元前280年,古埃及人奉国王托勒密二世费拉德尔甫斯之命在埃及亚历山大城对面的法罗斯岛上修筑灯塔,高达85m,日夜燃烧木材,以火焰和烟柱作为助航的标志。法罗斯灯塔被誉为古代世界七大奇观之一,1302年毁于地震。9世纪初,法国在吉伦特河口外科杜昂礁上建立灯塔,至今已两次重建,现存的建于1611年。

在古老的灯塔中,意大利的莱戈恩灯塔至今仍在使用。这座灯塔始建于1304年,用石头砌成,高50m。美国第一座灯塔是建于1716年的波士顿灯塔。此后,1823年建成透镜灯塔,1858年建成电力灯塔,1885年首次用沉箱法在软地基上建造灯塔,1906年落成第一座气体闪光灯塔。1850年,全世界仅有灯塔1570座,1900年增加到9400座。到1984年初,包括其他发光航标在内,灯塔总数已超过55000座。

10.通信塔

18世纪,法国工程师克劳德·查佩成功研制出一个加快信息传递速度的实用通信系统。该系统由建立在巴黎和里尔相隔230km之间的若干个通信塔组成。在这些塔顶上竖起一根木柱,木柱上安装一根水平横杆,人们可以使木杆转动,并能在绳索的操作下摆动形成各种角度。在水平横杆的两端装有两个垂直臂,也可以转动。这样,每个塔通过木杆可以构成192种不同的构形,附近的塔用望远镜就可以看到表示192种含义的信息。这样依次传下去,在230km的距离内仅用2min便可完成一次信息传递。该系统在18世纪法国革命战争中立下了汗马功劳。

11.信号旗

船上使用信号旗通信至今已有400多年的历史。

旗号通信的优点是十分简便,因此,即使当今现代通信技术相当发达,这种简易的通信方式仍被保留下来,成为近程通信的一种重要方式。在进行旗号通信时,可以把信号旗单独或组合起来使用,以表示不同的意义。通常悬挂单面旗表示最紧急、最重要或最常用的内容。例如,悬挂A字母旗,表示"我船下面有潜水员,请慢速远离我船";悬挂O字母旗,表示"有人落水";悬挂W字母旗,表示"我船需要医疗援助"等。

在15—16世纪的200年间,舰队司令靠发炮或扬帆作训令,指挥属下的舰只。1777年,英国的美洲舰队司令豪上将印了一本信号手册,成为第一个编写信号书的人。后来海军上将波帕姆爵士用一些旗子作"速记"字母,创立了一套完整的旗语字母。1805年,纳尔逊勋爵指挥特拉法加之役时,在阵亡前发出的最后信号是波帕姆旗语第16号:"驶近敌人,近距离作战。"

1817年,英国海军马利埃特上校编出第一本国际承认的信号码。航海信号旗共有40面,包括26面字母旗,10面数字旗,3面代用旗和1面回答旗。旗的形状各异:有燕尾形、长方形、梯形、三角形等。旗的颜色和图案也各不相同。

1.1.4 任务小结

本任务讲解了古代通信,通过学习本任务,读者可以认识到什么是古代通信,并且了解古代常用的通信方式。

1.2 任务二 现代通信

知识目标:了解现代通信的发展
能力目标:熟知中国电信行业的发展历程
素质目标:使学生建立对通信行业的整体认识
教学重点:现代通信的发展历程
教学难点:通信的发展历史悠久,不容易记忆

1.2.1 任务描述

李雷学习了古代通信之后,开始对通信产生了兴趣,老师建议他学习现代通信的知识。

1.2.2 现代通信的发展

通信技术是当代生产力中最为活跃的技术因素,对生产力的发展和人类社会的进步起着直接推动作用。通信最主要的目的就是传递信息。最早的通信包括最古老的文字通信以及我国古代的烽火台传信。而当今所谓的通信技术是指 18 世纪以来的以电磁波为信息传递载体的技术。通信技术在发展历史上主要经历了三个阶段:

① 初级通信阶段(以 1839 年电报发明为标志);

② 近代通信阶段(以 1948 年香农提出的信息论为标志);

③ 现代通信阶段(以 20 世纪 80 年代以后出现的互联网、光纤通信、移动通信等技术为标志)。

从 1838 年莫尔斯发明电报开始,通信技术经历了从架空明线、同轴电缆到光导纤维,从固定电话、卫星通信到移动电话,从模拟通信技术到数字通信技术的演进。通信技术每一次的重大进步,都极大地提升了通信网的能力和扩展了通信业务,如从过去的电报、传真、电话到现在的可视电话、即时通信(QQ&MSN)和电子邮件(E-mail)等,给通信行业发展注入了新活力,推动了社会通信服务水平的提高。现在通信技术和业务已渗透到人们生活娱乐、工作学习的方方面面,深刻地改变了人类社会的生活形态和工作方式。随着社会的发展和进步,人类对信息通信的需求更加强烈,对其要求也越来越高。理想的目标就是实现任何人在任何时候、任何地方与任何人以及相关物体进行任何形式的信息通信。

百年以来,通信技术一直由西方国家主导其发展。2000 年 5 月,由大唐电信科技产

业集团(电信科学技术研究院)代表我国政府提出的具有自主知识产权的 TD-SCDMA,被国际电信联盟(ITU)采纳为 3G 无线移动通信国际标准。2001 年 3 月被 3GPP 采纳。移动通信从只支持语音通信的第一代模拟移动通信系统(1G),发展到支持语音和低速数据(短信、GPRS)等的第二代数字移动通信系统(2G),再到支持视频通信、高速数据以及多媒体业务的第三代移动通信系统(3G)。从 2G 到 3G 转折时期的通信行业经历了一场前所未有的深刻变革,包括技术、网络、业务以及运营模式。电路交换技术与分组交换技术融合,导致电信网、计算机网和有线电视网在技术、业务、市场、终端、网络乃至行业运行管理和政策方面的融合。在业务竞争中,各个电信运营商也在转变传统思维,不断开拓新的市场。

1.2.3　中国电信行业发展历程

1. 1949—1994　政府行政绝对垄断

从 1949 年 11 月 1 日邮电部成立到 1978 年,整个电信企业完全依靠行政垄断进行经营,在管理上采用政企合一的方式。政府无论从经营业务到资费方面都实行严格的控制,完全是计划经济,完全是政府定价,而且它的服务主要是面向党、政、军的,并没有考虑到为个人服务。举例说,直到改革开放初期的 1979 年,上海的私人付费电话用户才 173 个。而且当时长期采用低资费政策,因此都被纳入国家行政管理中。

从 1979 年一直到 1994 年联通成立,我国电信业依然处于行政垄断时期。当时整个通信业都是由原邮电管理局负责,而原邮电管理局是属于原邮电部的派出机构。因此在这个阶段依然是行政垄断,只不过把为党、政、军服务扩展到为经济服务而已。舒华英教授对此是这样解释的:“因为在这个阶段供给紧缺,所以当初的初装费等都非常高。在 20世纪 90 年代,国家从政策上扶植整个电信业的发展,其中包括初装费政策、加收附加费政策等。1995 年我国的电信用户已经突破 4000 万,而在 1978 年,国内的电信用户仅有192 万。”

2. 1994—1998　初步引入竞争,体制改革酝酿

1994 年 1 月,经国家经贸委批准,吉通公司成立,被授权建设、运营和管理国家公用经济信息网(即“金桥工程”),与原中国电信的 CHINANET 展开竞争。

1994 年 7 月,为了效仿英国双寡头竞争的局面,当时的电子部联合铁道部、电力部以及广电部成立了中国联合通信有限公司(中国联通),但主要还是经营寻呼业务。

我国为了集中精力发展,推迟了近 10 年才在电信领域里引入竞争,而且,中国联通的出现虽然产生了一点市场竞争的萌芽,但是由于当时政企还没完全分开,原邮电部和电信集团是合一的,竞争并不是很激烈。

1995 年 4 月,电信总局以“中国邮电电信总局”的名义进行企业法人登记,其原有的政府职能转移至邮电部内其他司局,逐步实现了政企职责分开。

1997 年 1 月,邮电部作出在全国实施邮电分营的决策,并决定进行试点。

1997 年 10 月,中国电信(香港)有限公司[后更名为中国移动(香港)有限公司]在纽

约和香港挂牌上市。

3. 1998—2000 行政改革,邮电分开,政企分开

1998 年,邮电部在全国推行邮政、电信分营,成立了中国邮电电信总局,经营和管理全国电信业务。

1998 年 3 月,国务院撤销邮电部,将其并入电子工业部重组为信息产业部。电信业实现了政企分开,为随后一系列的电信产业改革奠定了最基本的体制基础。

1999 年 2 月,信产部开始决定对中国电信拆分重组,中国电信的寻呼、卫星和移动业务被剥离出去,原中国电信拆分成新中国电信、中国移动和中国卫星通信等 3 个公司,寻呼业务并入联通,同时,网通公司、吉通公司和铁通公司获得了电信运营许可证。中国电信、中国移动、中国联通、网通、吉通、铁通、中国卫星通信 7 雄初立,也形成了电信市场分层竞争的基本格局。

1999 年 4 月,中国网络通信有限公司成立(中国网通前身)。1999 年 4 月底,根据国务院批复的《中国电信重组方案》,移动通信分营工作启动。2000 年,中国电信集团公司正式挂牌。2000 年 4 月 20 日,中国移动通信集团公司正式成立。2000 年 12 月铁道通信信息有限责任公司成立(中国铁通)。中国电信市场七雄争霸格局初步形成。

2000 年 4 月 20 日,中国移动通信集团公司的正式成立,掀开了中国通信业新的一页。中国移动通信集团公司是在原中国邮电电信总局移动通信资产整体剥离基础上组建的特大型国有通信企业。中国移动的正式成立标志着通信业在政企分开、邮电分营的基础上实现了战略重组,对加快通信发展、推进国民经济信息化、增强我国信息产业的国际竞争力起到了积极的作用,标志着我国通信业改革取得了新的突破。

我国的通信业改革以 1998 年信息产业部成立为开端,到 2000 年中国电信和中国移动成立,全行业实现了政企分开。

4. 2002—2008 六家电信运营商共存,中国通信行业大发展

2001 年 10 月,中国电信南北拆分的方案出台。拆分重组后形成新的"5＋1"格局,包括了中国电信、中国网通、中国移动、中国联通、中国铁通以及中国卫星通信集团公司。

在这次拆分中体现了两大原则:一是中国电信长途骨干网将按照光纤数和信道容量进行分家,其中北方十省与网通、吉通合并后的中国网络通信集团公司占有 30％,南方和西部 21 省组成新的中国电信占有 70％;二是本地接入网将按照属地原则划分,即北方十省的本地网资源归中国网通,南方和西部 21 省的本地网归新的中国电信。另外现网通在南方的分公司将继续存续,而新的中国电信也被允许到北方发展业务,这次重组暂时不涉及移动业务,而在重组过程中吉通公司消失。

2002 年 5 月中国电信南北分拆方案确定,新中国电信集团(南)及中国网通集团(北)正式挂牌成立。2003 年 6 月吉通并入网通集团。2004 年 1 月 29 日,国务院正式决定,铁通由铁道部移交国务院国有资产监督管理委员会(国资委)管理,并更名为中国铁通集团有限公司,作为国有独资基础电信运营企业独立运作。至此,终于形成了电信六强争锋的局面。

2006 年 9 月,根据国务院常务会议讨论通过的《邮政体制改革方案》,国家邮政局下属各省级机构纷纷实行政企分开,预示着困扰人们多年的邮政政企不分格局彻底告终,中国邮政集团公司成立。

此前在 1998 年实行的邮电分家,将当时的邮电部拆分成了两个独立的部门,但电信则在前些年已完成了政企分家,而邮政却依然政企不分。此次邮政政企分开,能够进一步打破多年来的垄断经营,提高效率,改变诸多市场不合理现状。

2008 年根据国务院机构改革方案,交通运输部成立,国家邮政局为其下属单位。

5. 2008—现在新一轮电信重组,中国进入 3G 时代

2008 年 5 月,运营商重组正式公布。

2008 年 5 月 23 日,运营商重组方案正式公布。中国联通的 CDMA 网与 GSM 网被拆分,前者并入中国电信,组建为新电信,后者吸纳中国网通成立新联通,铁通则并入中国移动成为其全资子公司,中国卫通的基础电信业务将并入中国电信。

2008 年 6 月 2 日,中国电信以 1100 亿收购联通 CDMA 网络。中国联通与中国电信订立相关转让协议,分别以 438 亿元和 662 亿元的价格向中国电信出售旗下的 CDMA 网络及业务。同日,中国联通上市公司宣布将以换股方式与中国网通合并,交易价值 240 亿美元。

2008 年 7 月 27 日,中国电信与中国联通签订最终协议。两家运营商就 C 网出售签署最终协议,总价 1100 亿元维持不变。而后者旗下的两家公司澳门联通与联通华盛也将并入中国电信。

2008 年 9 月 16 日,中国联通股东特别大会批准与中国电信就有关 CDMA 业务出售而订立的 CDMA 业务出售协议以及合并中国网通集团的议案。中国电信也在股东大会上通过了所有有关并购联通 CDMA 业务的决议案。

2008 年 10 月 1 日,中国电信全面接收 CDMA 网络。中国电信全面透露了接收 C 网的安排,并表示,已经制定了详尽的从联通搬迁 C 网的方案,保障 CDMA 通信服务不受影响,预计 C 网的迁移工作会在 3 个月左右全部完成。

2008 年 10 月 15 日,新联通正式成立,网通退出历史舞台。新公司定名为"中国联合网络通信有限公司",中国联通香港上市公司名称由"中国联合通信股份有限公司"更改为"中国联合网络通信(香港)股份有限公司"。

2009 年 1 月 7 日 14:30 消息,工业和信息化部为中国移动、中国电信和中国联通发放 3 张第三代移动通信(3G)牌照,此举标志着我国正式进入 3G 时代。

2009 年 11 月 12 日,铁道部与中国移动正式签署了资产划拨协议,将铁通公司的铁路通信的相关业务、资产和人员剥离,成建制划转给铁道部进行管理。铁通公司仍将作为中国移动的独立子公司从事固定通信业务服务。

6. 小结

今天的中国通信业,综合实力正在大幅度增强,但从全球经济一体化的角度看,我们更多地扮演着设备制造商、系统集成商和专利权消费者的角色。这远远不够！要想从"通

信大国"走向"通信强国",在通信科技方面领先于世界发达国家,实现"创新型国家",我们需要在通信领域有更多的专业人才和技术创新,需要通过对通信基础知识的普及,吸引更多的优秀人才进入通信领域。

1.2.4　任务小结

本任务讲解了现代通信的知识,通过学习本任务,读者可以认识到什么是现代通信,并且了解现代通信的发展历程。

1.3　任务三　4G 通信技术

知识目标:掌握 4G 通信技术的主要优势

能力目标:熟知 4G 通信技术的发展在中国的意义

素质目标:培养学生的创新意识和创新思维

教学重点:4G 通信技术的主要优势和标准

教学难点:4G 通信技术的标准不容易理解

1.3.1　任务描述

李雷学习了现代通信技术,对第四代通信技术产生了浓厚的兴趣,老师建议他深入学习 4G 的主要优势和标准。

1.3.2　4G 通信技术简介及市场前瞻

就在 3G 通信技术正处于酝酿之中时,更高的技术应用已经在实验室研发当中。因此在人们期待第三代移动通信系统所带来的优质服务的同时,第四代移动通信系统的最新技术的研发也在实验室中悄然进行。那么到底什么是 4G 通信呢?

到 2009 年为止人们还无法对 4G 通信进行精确的定义,有人说 4G 通信的概念来自其他无线服务的技术,从无线应用协定、全球袖珍型无线服务到 3G;有人说 4G 通信是一个超越 2010 年以外的研究主题,4G 通信是系统中的系统,可利用各种不同的无线技术;但不管人们对 4G 通信怎样进行定义,有一点人们能够肯定的是,4G 通信可能是一个比 3G 通信更完美的新无线世界,它可创造出许多消费者难以想象的应用。4G 最大的数据传输速率超过 100Mbit/s,这个速率是移动电话数据传输速率的 1 万倍,也是 3G 移动电话速率的 50 倍。4G 手机可以提供高质量的汇流媒体内容,并通过 ID 应用程序成为个人身份鉴定设备。它也可以接收高分辨率的电影和电视节目,从而成为合并广播和通信的新基础设施中的一个纽带。此外,4G 的无线即时连接等某些服务费用会比 3G 便宜。还有,4G 集成不同模式的无线通信——从无线局域网和蓝牙等室内网络、蜂窝信号、广播电视到卫星通信,移动用户可以自由地从一个标准漫游到另一个标准。

4G 通信技术并没有脱离以前的通信技术,而是以传统通信技术为基础,并利用了一些新的通信技术,来不断提高无线通信的网络效率并拓展功能的。如果说 3G 能为人们提供一个高速传输的无线通信环境的话,那么 4G 通信是一种超高速无线网络,一种不需要电缆的信息超级高速公路。

与传统的通信技术相比,4G 通信技术最明显的优势在于通话质量及数据通信速度。然而,在通话品质方面,移动电话消费者还是能接受的。随着技术的发展与应用,现有移动电话网中手机的通话质量还在进一步提高。数据通信速度的高速化的确是一个很大优点,它的最大数据传输速率达到 100Mbit/s,简直是不可思议的事情。另外由于技术的先进性确保了投资的大大减少,未来的 4G 通信费用也会更低。

想要充分享受 4G 通信给人们带来的先进服务,人们还必须借助各种各样的 4G 终端,而不少通信运营商看到了未来通信的巨大市场潜力,他们已经开始把眼光瞄准到生产4G 通信终端产品上,例如生产具有高速分组通信功能的小型终端,生产对应配备摄像机的可视电话以及电影电视的影像发送服务的终端,或者是生产与计算机相匹配的卡式数据通信专用终端。有了这些通信终端后,手机用户就可以随心所欲地漫游,随时随地地享受高质量的通信了。

1.3.3 4G 的主要优势

如果说 2G、3G 通信对于人类信息化的发展是微不足道的话,那么 4G 通信将给予人们真正的沟通自由,并彻底改变人们的生活方式甚至社会形态。2009 年在构思中的 4G 通信具有下面的特征:

(1)通信速度更快

由于人们研究 4G 通信的最初目的就是提高蜂窝电话和其他移动装置无线访问Internet 的速率,因此 4G 通信给人印象最深刻的特征莫过于它具有更快的无线通信速度。从移动通信系统数据传输速率来比较,第一代模拟式仅提供语音服务;第二代数位式移动通信系统传输速率也只有 9.6Kbps,最高可达 32Kbps,如 PHS;而第三代移动通信系统数据传输速率可达到 2Mbps;第四代移动通信系统的传输速率可以达到 10Mbps～20Mbps,甚至最高可以达到 100Mbps,这种速度相当于 2009 年最新手机的传输速度的 1万倍左右。

(2)网络频谱更宽

要想使 4G 通信达到 100Mbps 的传输,通信运营商必须在 3G 通信网络的基础上,进行大幅度的改造和研究,以便使 4G 网络在通信带宽上比 3G 网络的蜂窝系统的带宽高出许多。据研究 4G 通信的 AT&T 的执行官们说,估计每个 4G 信道会占有 100MHz 的频谱,相当于 W-CDMA 3G 网络的 20 倍。

(3)通信更加灵活

从严格意义上说,4G 手机的功能,已不能简单划归"电话机"的范畴,毕竟语音资料的传输只是 4G 移动电话的功能之一而已,因此未来 4G 手机更应该算得上是一台小型计算机了,而且 4G 手机从外观和式样上,会有更惊人的突破,人们可以想象的是,眼镜、手表、化妆盒、旅游鞋,以方便和个性为前提,任何一件能看到的物品都有可能成为 4G 终端,只是人们还不知应该怎么称呼它。4G 通信使人们不仅可以随时随地通信,更可以双向下载传输资料、图画、影像，当然更可以和从未谋面的陌生人网上联机对打游戏。

（4）智能性能更高

第四代移动通信的智能性更高，不仅表现于4G通信的终端设备的设计和操作具有智能化，例如对菜单和滚动操作的依赖程度会大大降低，更重要的是4G手机可以实现许多难以想象的功能。例如4G手机能根据环境、时间以及其他设定的因素来适时地提醒手机的主人此时该做什么事，或者不该做什么事，4G手机可以把电影院票房资料，直接下载到PDA之上，这些资料能够把售票情况、座位情况显示得清清楚楚，大家可以根据这些信息在线购买自己满意的电影票；4G手机可以被看作是一台手提电视，用来看体育比赛之类的各种现场直播。

（5）兼容性能更平滑

要使4G通信尽快地被人们接受，在考虑它的功能强大外，还应该考虑到现有通信的基础，以便让更多的现有通信用户在投资最少的情况下就能很轻易地过渡到4G通信。因此，从这个角度来看，未来的第四代移动通信系统应当具备全球漫游，接口开放，能跟多种网络互连，终端多样化以及能从第三代通信网络平稳过渡等特点。

（6）提供各种增值服务

4G通信并不是从3G通信的基础上经过简单的升级而演变过来的，它们的核心建设技术根本就是不同的，3G移动通信系统主要是以CDMA为核心技术，而4G移动通信系统技术则以正交多任务分频技术（OFDM）最受瞩目，利用这种技术人们可以实现例如无线区域环路（WLL）、数字音讯广播（DAB）等方面的无线通信增值服务；不过考虑到与3G通信的过渡性，第四代移动通信系统在未来不会仅仅只采用OFDM一种技术，CDMA技术会在第四代移动通信系统中，与OFDM技术相互配合以便发挥出更大的作用，甚至未来的第四代移动通信系统也会有新的整合技术如OFDM/CDMA产生，前文所提到的数字音讯广播，其实它真正运用的技术是OFDM/FDMA的整合技术，同样是利用两种技术的结合。因此未来以OFDM为核心技术的第四代移动通信系统，也会结合两项技术的优点，一部分会是以CDMA为核心的延伸技术。

（7）实现更高质量的多媒体通信

尽管第三代移动通信系统也能实现各种多媒体通信，但4G通信能满足第三代移动通信尚不能达到的在覆盖范围、通信质量、造价上支持的高速数据和高分辨率多媒体服务的需要，第四代移动通信系统提供的无线多媒体通信服务（包括语音、数据、影像等大量信息）透过宽频的信道传送出去，为此未来的第四代移动通信系统也称为"多媒体移动通信"。第四代移动通信不仅仅应可容纳更多用户，更重要的是，必须要满足多媒体的传输需求，当然还包括通信品质的要求。总结来说，首先必须可以容纳市场庞大的用户群体，其次还要改善现有通信品质不良的状况，以及达到高速数据传输的要求。

（8）频率使用效率更高

相比第三代移动通信技术来说，第四代移动通信技术在开发研制过程中使用和引入许多突破性技术，例如一些光纤通信产品公司为了进一步提高无线因特网的主干带宽宽度，引入了交换层级技术，这种技术能同时涵盖不同类型的通信接口，也就是说第四代主要是运用路由技术（Routing）为主的网络架构。由于利用了几项不同的技术，因此无线频率的使用比第二代和第三代系统有效得多。按照最乐观的情况估计,这种有效性可以让更多的人使用与以前相同数量的无线频谱做更多的事情,而且做这些事情的时候速度相当快。

（9）通信费用更加便宜

由于 4G 通信不仅解决了与 3G 通信的兼容性问题,让更多的现有通信用户能轻易地升级到 4G 通信,而且 4G 通信引入了许多尖端的通信技术,这些技术保证了 4G 通信能提供一种灵活性非常高的系统操作方式,因此相对其他技术来说,4G 通信部署起来就容易迅速得多;同时在建设 4G 通信网络系统时,通信运营商们会考虑直接在 3G 通信网络的基础设施之上,采用逐步引入的方法,这样就能够有效地降低运行者和用户的费用。4G 通信的无线即时连接等服务费用会比 3G 通信更低。

1.3.4　4G 技术 5 大标准

国际电信联盟(ITU)已经将 WiMax、HSPA＋、LTE 正式纳入到 4G 标准里,加上之前就已经确定的 LTE-Advanced 和 WirelessMAN-Advanced 这两种标准,目前 4G 标准已经达到了 5 种。

（1）LTE:长期演进(Long Term Evolution,LTE)项目是 3G 的演进,它改进并提高了 3G 的空中接入技术,采用 OFDM 和 MIMO 作为其无线网络演进的唯一标准。主要特点是在 20MHz 频谱带宽下能够提供下行 100Mbit/s 与上行 50Mbit/s 的峰值速率,相对于 3G 网络大大地增加了小区的容量,同时将网络延迟大大降低:内部单向传输时延低于 5ms,控制平面从睡眠状态到激活状态迁移时间低于 50ms,从驻留状态到激活状态的迁移时间小于 100ms。并且这一标准也是 3GPP 长期演进(LTE)项目,是近两年来 3GPP 启动的最大的新技术研发项目。

（2）LTE-Advanced:LTE 技术的升级版。

（3）WiMax:WiMax(Worldwide Interoperability for Microwave Access),即全球微波互连接入,WiMax 的另一个名字是 IEEE 802.16。WiMAX 的技术起点较高,所能提供的最高接入速度是 70Mbps,这个速度是 3G 所能提供的宽带速度的 30 倍。对无线网络来说,这的确是一个惊人的进步。WiMAX 逐步实现宽带业务的移动化,而 3G 则实现移动业务的宽带化,两种网络的融合程度会越来越高,这也是未来移动世界和固定网络的融合趋势。

（4）HSPA＋:HSDPA(High Speed Downlink Packet Access)是高速下行链路分组接入技术,而 HSUPA 即为高速上行链路分组接入技术,两者合称为 HSPA 技术,HSPA＋是 HSPA 的衍生版,能够在 HSPA 网络上进行改造而升级到该网络,是一种经济而高效的 4G 网络。

（5）WirelessMAN-Advanced:WirelessMAN- Advanced 事实上就是 WiMax 的升级版,即 IEEE802.11m 标准,802.16 系列标准在 IEEE 正式称为 WirelessMAN ,而 WirelessMAN-Advanced 即为 IEEE802.16m。其中,802.16m 最高可以提供 1Gbps 无线传输速率,还兼容 4G 无线网络。802.16m 可在"漫游"模式或高效率/强信号模式下提供 1Gbps 的下行速率。该标准还支持"高移动"模式,能够提供 1Gbps 速率。其优势如下:

提高网络覆盖；提高频谱效率；提高数据和增大 VOIP 容量；低时延 &QoS 增强；低功耗。

1.3.5　4G 在中国

2010 年年底，工信部批复同意中国移动承担"TD-LTE 规模试验网"的建设项目。"2011 年将成为 TD-LTE 商用的元年，全球要建成 26 个 TD-LTE 试验网。"中国移动董事长王建宙曾多次呼吁，希望能够加快 TD-LTE 的部署。

中国的 TD-LTE 也是 3.9G。北京邮电大学教授曾剑秋指出，从技术上讲我国这并不是 4G，而是 3.9G，理论数据传输速度高于目前的 3G 标准，也被称为准 4G。在上海世博会、广州亚运会都有应用。建成 TD-LTE 后，并不意味着以前的 3G、2G 网络不要了，TD-SCDMA 可以平滑升级到 TD-LTE，有些甚至可以依靠软件升级。"4G 时代的一个重要标志，就是速率将至少是 3G 速率的 10 倍以上，带宽也更宽。"

1.3.6　任务小结

本任务讲解了 4G 通信技术，通过本任务的学习，读者可以认识什么是 4G 通信技术，并且可以了解 4G 通信的优势。

学习项目二　工程施工流程

2.1　任务一　工程的发展及形成

知识目标：掌握工程的主要职能

能力目标：理解工程的概念

素质目标：培养学生独立分析问题的能力

教学重点：工程的简史及主要职能

教学难点：没有实际工程经验，理解起来有难度

2.1.1　任务描述

李雷通过项目一的学习，对通信有了更进一步的认识，现在他想知道通信工程施工的流程。

2.1.2　工程简史

工程是科学和数学的某种应用，通过这一应用，能将自然界的物质和能源通过各种结构、机器、产品、系统和过程，以最短的时间和精而少的人力做成高效、可靠且对人类有用的东西。工程是将自然科学的理论应用到具体工农业生产部门中形成的各学科的总称。

18 世纪，欧洲创造了"工程"一词，其本来含义是以兵器制造、军事为目的的各项劳作，后扩展到许多领域，如建筑屋宇、制造机器、架桥修路、语音视频通信等。

随着人类文明的发展，人们可以建造出比单一产品更大、更复杂的产品，这些产品不再是结构或功能单一的东西，而是各种各样的所谓"人造系统"（比如建筑物、轮船、铁路工程、海上工程、通信工程等），于是工程的概念就产生了，并且它逐渐发展为一门独立的学科和技艺。

在现代社会中，"工程"一词有广义和狭义之分。就狭义而言，工程定义为"以某组设想的目标为依据，应用有关的科学知识和技术手段，通过一群人的有组织活动将某个（或某些）现有实体（自然的或人造的）转化为具有预期使用价值的人造产品的过程"。就广义而言，工程则定义为"由一群人为达到某种目的，在一个较长时间周期内进行协作活动的过程"。

2.1.3　工程主要职能

工程的主要依据是数学、物理学、化学,以及由此产生的材料科学、固体力学、流体力学、热力学、运输学和系统分析学等。依照工程与科学的关系,工程的所有分支领域都有如下主要职能:

①研究:应用数学和自然科学概念、原理、实验技术等,探求新的工作原理和方法。

②开发:解决把研究成果应用于实际过程中所遇到的各种问题。

③设计:选择不同的方法、特定的材料并确定符合技术要求和性能规格的设计方案,以满足结构或产品的要求。

④施工:包括准备场地、材料存放、选定既经济又安全并能达到质量要求的工作步骤,以及人员的组织和设备利用。

⑤生产:在考虑人和经济因素的前提下,选择工厂布局、生产设备、工具、材料、元件、数据和工艺流程,进行产品的试验和检查。

⑥操作:管理机器、设备以及动力供应、运输和通信,使各类设备经济可靠地运行。

⑦管理及其他职能。

2.1.4　工程相关分类

①指将自然科学的理论应用到具体工农业生产部门中形成的各学科的总称。

如:水利工程、化学工程、土木建筑工程、遗传工程、生物工程、海洋工程、环境微生物工程、通信工程等。

②指需较多的人力、物力来进行较大而复杂的工作,要一个较长时间周期来完成。

如:城市改建工程、京九铁路工程、菜篮子工程、互联网工程、移动通信工程。

③关于工程的研究——称为"工程学"。

④关于工程的立项——称为"工程项目"。

⑤一个全面的、大型的、复杂的包含各子项目的工程——称为"系统工程"。

2.1.5　任务小结

本任务详细介绍了工程的发展及形成,这是工程施工人员必须了解的,李雷通过本任务的学习,知道了工程的主要职能。

2.2　任务二　工程施工

知识目标:掌握工程施工的相关知识

能力目标:熟知工程施工过程中的角色和分工情况

素质目标:培养学生自主学习能力

教学重点:工程施工过程中的施工类型、角色与职责

教学难点：施工中的角色分工

2.2.1　任务描述

李雷了解了什么是工程，老师建议他学习如何施工。

2.2.2　工程施工要达到的目标

客户满意——高；

设备质量——高；

安装效率——高；

耗费成本——低。

提问：为什么大公司做出来的工程质量，会比一般小公司做出来的要好？

答案就是，大公司注重流程、制度和规范。

这些是无数前辈思想的结晶，你们手头上拿着的流程、制度和规范，好像很枯燥，但如果肯在实际当中真正去运用的话，你很快就会发现，工作做起来，感觉很踏实，效果也很好。

2.2.3　工程级别划分

(1)重大工程：公司特级；公司一级；公司二级。非重大工程：其他工程。

(2)合同履行过程介绍(图 2.1)。

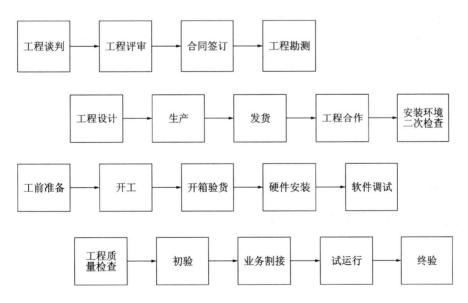

图 2.1　合同履行过程

2.2.4　施工类型

表 2.1 所列为施工实施方式。

表 2.1　施工实施方式

工程实施方式	硬件安装	硬件督导	软件调试	软件督导	安装工具
工程服务制	供方	供方	供方	供方	供方
督导调试制	需方	供方	供方	供方	需方
督导服务制	需方	供方	需方	供方	需方

注：①一切以合同签订为准；②通用工具用户应予以协助解决；③合同中未明确的验收测试项目所需测试仪表由用户和我司协商解决。

1. 工程服务方式

需方提供工程所需的安装环境和配套设施，确保具备安装前的各种条件。

服务方负责工程的硬件安装、软件调试和督导，对工程的质量和进度负责。

2. 督导调试方式

需方负责整个工程的进度、硬件安装质量和测试，包括开箱验货、硬件安装，以及组织整个工程的验收、割接工作；负责协调解决技术服务提供方督导人员提出的施工中存在的问题，并承担由此引起的工期延误责任和费用。

技术服务提供方负责实施硬件安装质量检查、监督和技术支持，以保证施工单位的硬件安装质量。负责完成软件安装调试，对软件安装调试的质量负责。

3. 督导服务方式

需方负责整个工程的进度和质量，包括开箱验货、硬件安装、软件调试和测试以及工程的协调和组织，对工程的硬件、软件质量和工程进度负责。

技术服务提供方负责对施工单位的硬件安装、软件安装调试的质量进行检查和指导，并为需方提供技术支持服务。

2.2.5　工程分工界面图（图 2.2）

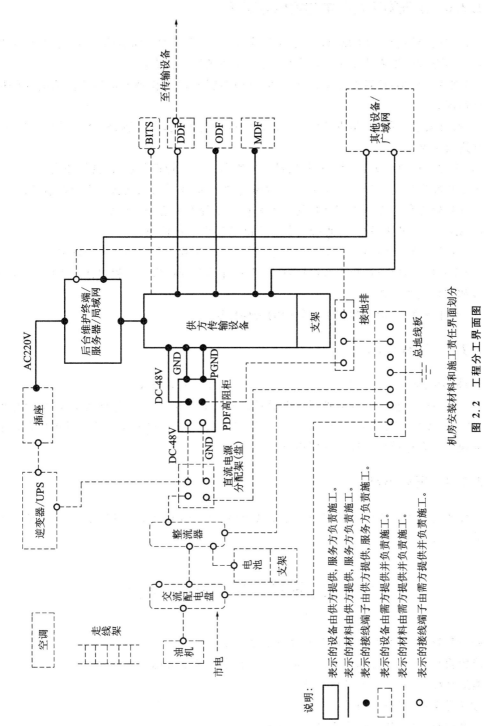

机房安装材料和施工责任界面划分

图 2. 2 工程分工界面图

2.2.6　工程施工过程中的角色与职责

（1）工程督导：合同货物准确验收，工程实施、工程现场的组织协调者，负责初验、文档整理，对工程进度、工程质量负直接责任，是工程现场的第一责任人。

（2）软调工程师：负责按照工程规范实施软件调测，向工程督导汇报软件调测的质量和进展情况。

（3）硬件安装工程师：负责按照工程规范实施硬件安装，向工程督导汇报硬件安装的质量和进展情况。

（4）工程管理负责人：工程经理、项目经理均属于工程管理负责人，具体职责如下：

①工程经理负责监控工程实施、办事处信息管理员及时录入刷新工程管理信息系统。

②项目经理负责重大工程项目的管理和重大工程的工程督导任命。

（5）QC（硬件督导、软件工程师）：负责产品的工程质量检查。

（6）技术支持经理：负责试运行的技术支持工作，终验过程中的技术问题解决。

（7）文档信息管理员：负责合同信息、工程管理信息的传递及工程文档的规范性、完整性审核和文档归档工作。

（8）备件货管：负责工程施工调测中的板件更换。

2.2.7　工程合作

（1）框架招标后，合作部与合作单位签订"工程合作框架协议"；

（2）开工前，工程中心区域管理工程师根据工程情况和"工程合作框架协议"向合作单位签发"工程委托书"以确定合作内容（如工程容量、软件或硬件施工方式），并根据合作单位的回执负责合作单位工程督导资格审核。

2.2.8　任务小结

本任务讲解了工程施工过程中的分工及角色与职责，通过本任务的学习，李雷明确了施工的角色分工。

2.3　任务三　工程施工流程

知识目标：掌握工程施工的整个流程及操作要点

能力目标：了解从施工准备到后期终验过程中的每个角色的职责

素质目标：培养学生的逻辑思维能力

教学重点：工程施工的整个流程

教学难点：施工的每个步骤中需要注意的地方

2.3.1　任务描述

李雷学习了工程施工,老师建议他学习工程施工的具体流程及注意事项。

2.3.2　工程准备(图2.3)

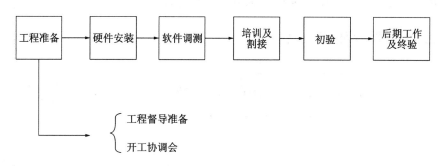

图2.3　工程准备

1.工程督导准备

(1)职责

在工程开工前,为工程开工进行相关的工程准备。

(2)操作步骤

工程督导在开工前的准备工作包括:掌握合同信息(产品配置部分)、货物信息(装箱单)、"现场勘测报告"、"安装环境检查表"和客户信息,并查阅"工程文件",了解工期要求,了解客户情况和安装环境准备情况。合作工程由办事处文档信息管理员负责向合作单位工程管理人传递合同信息、货物信息、"现场勘测报告"、"安装环境检查表"、"工程文件"和客户信息。

(3)判断是否具备开工条件

工程督导可根据客户工程准备情况判断工程能否开工。工程准备主要考虑如下方面:

①机房是否符合安装要求;

②市电电源及直流电源、配线架、地线等是否准备好。

(4)注意事项

若客户的工程不具备开工条件,工程督导要主动协调客户准备工作,填写"现场工作联络单"向客户主管说明不能开工的原因,若客户坚持要开工,需请示工程经理,在得到许可后,才能与客户协商开工。

2.开工协调会

(1)职责

就工程安装周期、进度计划及配合事宜,跟用户协商达成一致。

(2)操作步骤

①与客户商定工程安装周期、进度计划及配合事宜,并制订"工程进度计划表"。工程督导检查确认客户安装环境准备情况;若客户未准备好,要让客户承诺预计完成时间并签字。

②确认客户是否对硬件安装等工艺方面有特殊要求。若有特殊要求,填写"工程备忘录",并请客户签字、盖章确认。

③明确工程中客户的总负责人和接口人。

④提出可能需要客户准备的工具、测试仪器和仪表。

2.3.3　硬件安装(图 2.4)

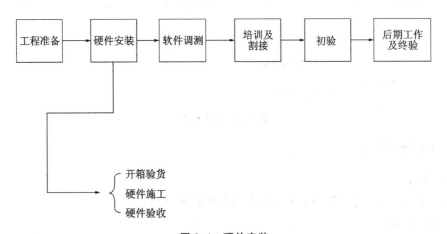

图 2.4　硬件安装

1. 开箱验货

(1)职责

组织用户人员一起开箱验货,现场确认装箱单和实物是否相符。

(2)操作要点

①工程督导在办事处先取得装箱单电子件或纸面件。

②在安装硬件之前,要求工程督导与用户一起检查装箱单和实物是否相符,必须有我司人员或经授权人员在场进行开箱验货工作。验货无误后,由用户负责货物保管工作。

③验货完毕,局我双方须在装箱单上签字确认。

④工程完工后,工程督导要将用户签字确认后的装箱单带回交文员存档。

⑤开箱前的外包装检查,双方首先检查包装箱是否有破损,发现破损时应立即停止开箱,同时与办事处订单管理工程师取得联系,等候处理。

⑥开箱前清点包装箱件数,如果货物有差错,工程督导在开箱后三天内必须将"货物问题反馈表"反馈给当地办事处工程管理负责人,由办事处工程管理负责人审核后交订单管理工程师,由订单管理工程师负责跟踪落实。

⑦如双方不同时在场开箱,出现货物差错问题,由开箱方负责。

在开局过程中往往会碰到各种各样的货物问题,大致有如下几种:运输过程中损坏;安装调测中损坏;合同配置有误;欠货(装箱单中注明);工程勘测、设计有误;实物与合同不符。应根据不同情况作相应处理。

（3）注意事项

工程督导必须注意反馈问题的准确性，避免发生误投诉。

2.硬件施工

（1）职责

负责硬件安装及过程质量监督；对硬件质量进行自检。

（2）操作要点

工程督导在组织进行硬件安装时，必须按照"工程文件"进行施工，同时制作工程文档的相关部分，并注意以下几点：

①施工过程中，施工人员要遵守公司和客户相应的行为规范。

②硬件施工参照各产品"安装手册"。

③合作工程由合作单位工程管理人员统一汇总后形成"合作工程周报表"每周提交给工程部、工程经理（根据实际情况，可能还要填写日报表）。

（3）硬件质量检查

硬件安装完毕后，由工程督导根据硬件工程质量标准对硬件质量进行自检，发现问题，应及时整改，并将"硬件工程质量自检报告"上载到工程项目管理系统（EPMS）中；QC（硬件督导、软件工程师）根据需要进行工程质量检查。

（4）注意事项

①施工过程中要保持机房整洁、卫生，每天下班前要清理好工作现场。注意确保施工现场货物和工具的安全。

②自检过程中发现问题应及时整改。

3.硬件验收

（1）职责

完成硬件竣工验收。

（2）操作要点

工程督导必须对硬件安装质量和文档（安装手册）进行检查，要注意检查以下几个方面：

①安装工艺；

②机房的整洁卫生；

③地线连接方式及地阻；

④整机试通电。

（3）注意事项

①对不符合安装规范的地方应要求工程师进行整改。

②文档和硬件质量经检查合格后，再提交客户对硬件进行验收，验收标准参照相关产品"验收手册"的硬件部分。

2.3.4 软件调测(图2.5)

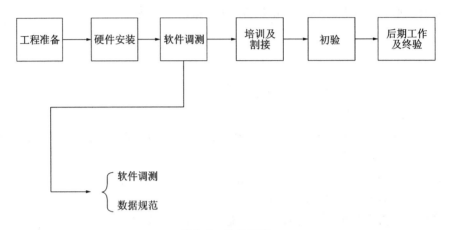

图 2.5　软件调测

1. 职责

负责软件调测;对软件质量进行自检。

2. 操作要点

(1)软件工程师在软件调测过程中,要依照各产品"数据设定规范""开局调测指导书"进行操作,并严格按照"工程文件"进行软件加载和调试。

(2)系统调试完毕后,工程督导对软件质量进行自检,并将"软件工程质量自检报告"上载到工程项目管理系统中。

3. 注意事项

(1)工程督导在现场遇到自己无法解决的技术问题,应向合作单位的技术人员寻求帮助。如果合作方内部无法解决,向技术支持中心寻求技术支持。

(2)严格按照自检要点进行自检,发现问题应及时处理。

2.3.5 培训及割接(图2.6)

职责:
配合局方人员进行割接。

设备上电软调通过后,工程督导根据需要配合客户一起制定详细的"割接方案",进行设备割接,并注意以下方面:

①明确双方责任人、分工;

②和客户协商考虑如何保证设备顺利割接,同时考虑割接失败的补救措施;

③安排落实人员观察设备运行情况。

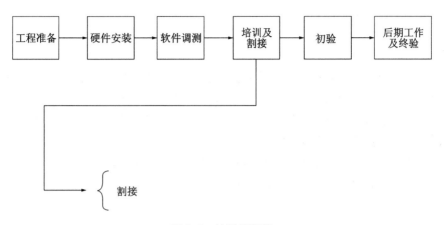

图 2.6　培训及割接

2.3.6　初验(图 2.7)

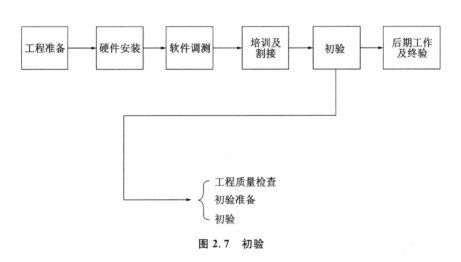

图 2.7　初验

1.工程质量检查

在初验前,由工程督导根据软件工程质量标准对软件质量进行自检,发现问题,应及时整改,并将"软件工程质量自检报告"上载到工程项目管理系统(EPMS)中。QC(硬件督导、软件工程师)根据需要进行工程质量检查(主要检查数据规范性、准确性、软件版本)。具体参见"工程质量检查流程"。

2.初验准备

(1)在初验前,工程督导整理工程竣工资料(指提交客户的"工程文件",包含工程设计类资料与工程测试记录报告)。

(2)向客户递交"初验申请报告"。

(3)了解客户对初验的特殊要求,确定初验时间、初验内容及日程安排。对于公司一级工程和二级工程,工程督导与客户共同制定"初验方案";对于一般工程,工程督导根据实际情况,决定是否制定"初验方案"。

3. 初验

(1)工程中的遗留问题(包括承诺的遗留问题的解决时间)一定要与办事处技术支持经理沟通;遗留问题不要写在验收结论中,应在"工程备忘录"中填写。

(2)初验结束后,"设备安装报告""系统初验证书"由客户签字、盖章(该文档在签字后一周内交办事处,扫描件上传 EPMS)。

(3)文档信息管理员负责刷新工程项目管理系统的工程初验信息。

(4)初验通过后,移交工程竣工资料等文档给客户,填写"(客户)资料移交清单",客户签字确认。

2.3.7 后期工作及终验(图 2.8)

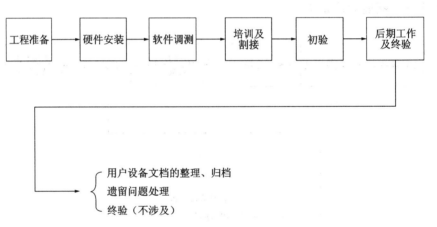

图 2.8 后期工作及终验

1. 用户设备文档整理

所有工程过程文档汇总:

①需签字盖章文档:"工程备忘录""设备安装报告""系统初验证书"。

②只需签字文档:"进度计划表""装箱单"文档都需归档到办事处文员,"设备安装报告""系统初验证书"需上传扫描件到工程项目管理系统(EPMS)。

③"质量检查(自检)硬件报告""质量检查(自检)软件报告"无须签字,但扫描件要上传到工程项目管理系统(EPMS),纸面件和其他文档一起归档。

2. 遗留问题处

工程督导根据实际情况填写"工程遗留问题清单",并根据实际的遗留问题,同局方和办事处协商解决。

2.3.8　任务小结

本任务详细讲解了工程施工流程,以及每个流程的注意事项,通过本任务的学习,李雷已经熟知施工流程中每个角色的职责。

学习项目三　服务人员行为规范

3.1　任务一　服务人员的精神面貌

知识目标:了解通信服务人员应有的精神面貌

能力目标:达到通信服务人员的着装要求

素质目标:培养学生的职业素质

教学重点:通信服务人员的精神面貌

教学难点:无

3.1.1　任务描述

李雷对通信和工程施工都有了一定的了解,现在老师建议他学习服务人员的行为规范。

3.1.2　精神面貌

在文化培训中,服务人员应该都接受过行为准则的培训。今天讲的服务人员行为规范,是在行为准则的基础上,特别针对技术服务部的人员,在面对客户进行服务工作中,特别要注意的一些方面。

服务人员行为规范有很多方面,我们从"精神面貌""言谈"……各个方面逐一进行介绍。

①衣着整洁规范,举止得体大方。

②礼貌热情,精神饱满。

③保持愉快的工作情绪,不将个人情绪带到工作之中。

④保持健康的心理:自尊、自信、自爱、自重。

首先,着装要整洁、得体、大方。在办公环境内,禁止男士着短裤、背心和拖鞋,禁止女士着无袖衣裙、超短裙裤和拖鞋。发型大方得体,不留怪异发型。即使周末到公司食堂吃饭,也不能着装不规范。

除了以上一般要求外,如果是见客户,还需要注意:男士着西装/衬衣配领带,女士着套装。此外,还要注意个人卫生,比如经常刷牙,避免产生口臭。每天洗澡换衬衣,避免产生体味,也可以适当用一些香水。男士还应该注意每天刮胡子。保持手和指甲的卫生也是非常重要的,因为你与别人握手时,别人会注意到。有人喜欢把电话号码或其他东西记在手上,这也是很不好的习惯。

接受别人帮助时,衷心表示谢意;给别人造成不便时,真诚致以歉意。

人是有情绪的,工作之时也难免会受到个人情绪的影响,但要注意养成不将个人情绪带到工作之中的好习惯。比如刚在家里为装修工作吵完架,到办公室接别人电话时,不能气呼呼的。有修养的人,是能控制自己情绪的人。同时也要注意,不要将工作情绪带回到家里去,不要在公司被领导批评了,回家就向家人发脾气,这也不好。

3.1.3　任务小结

本任务介绍了服务人员的精神面貌,通过本任务的学习,李雷了解到通信服务人员的精神面貌要求。

3.2　任务二　言谈

知识目标:熟知通信服务人员的言谈举止

能力目标:具备通信服务人员的基本素质

素质目标:培养学生的职业素养

教学重点:通信服务人员面对客户和在公司内部的言谈举止

教学难点:面对客户时需要注意言谈举止,把握分寸

3.2.1　任务描述

李雷考虑到如果作为一个通信服务人员,仅有基本的精神面貌是不够的,老师建议他学习言谈举止。

3.2.2　注意事项及要求

1.面对客户

①见到客户应主动打招呼,做到礼貌热情。

②不轻易打断客户讲话,不随意转移话题。

③切忌与客户发生争执。

④不恶意贬低竞争友商和客户的竞争友商。

⑤在客户办公场所遇到客户后,要主动打招呼,并礼貌热情,特别是对以前拜访过的客户。

⑥在倾听的过程中,不要轻易打断客户,养成倾听的习惯。

2. 公司内部

①配备手机的员工应保证 24h 通信畅通。

②在公司上班时禁止喧哗,公司的办公场所大多是开放式的,讲话不要大声,切忌打扰别人办公。

③上班时要求不能打私人电话。

④跟客户成为朋友后,也要尊重他们。

⑤要求爱客户,爱家人,进入公司后的第一个月工资寄回家;出差到达目的地,打电话回家报平安。

案例 1:

某日市场部产品经理 A 带着工程师 B 一同去某客户计划建设部交流该局某智能网安全、存储解决方案,客户建设部主任 C 提出:"你们的方案有××问题,还不如××公司……""这你不懂",小 B 急了马上反驳:"……"

结果我们失去了这个机会。

案例 2:

一日客户要求现场工程师 A 在某扩容工程中实现某项功能,我们的工程师 A 答复:"这事不归我负责,你去找××去吧。"客户非常生气,后来一直拖着初验不给做。

案例 3:

在某网络扩容项目中,客户觉得扩容的用户数不足以满足业务需要,对现场工程师 B 提出在此基础上再开放×万用户,我们的工程师 B 觉得是客户的需求,不好拒绝,并且也是举手之劳,于是答应并给客户开放了×万用户,结果直接导致我们多付出了×万的 license 费用。

案例 4:

某客户网络设备有一技术问题迟迟没有解决,在客户的再三追问下,工程师 A 答复,是设备缺陷造成的……结果客户要求退货,虽然经过多方协调最终没有退货,但给公司名誉造成了较为恶劣的影响。

3. 接听电话

①电话铃响三声内摘机,摘机后主动说"您好",结束前说"再见"。

②电话用语礼貌、简练、声音适中。

③同事不在时要及时代接同事电话。

④电话中断要主动打给对方。

⑤接听时无论对方态度如何,都应该耐心、谦和、不卑不亢。

⑥对打错的电话要耐心说明,切勿生硬回绝。

⑦客户电话内容详细记录,这样就不会遗漏问题,"好记性不如烂笔头"。

⑧要有修养,不要拿别人的过错来惩罚自己。

（1）案例

某日一市场人员接到用户电话，或许是话不投机的缘故，双方可能有些冲突。市场人员在以为对方已经挂机的情况下，口无遮拦，大骂对方，然而对方还没有挂机……补充一点，当时客户电话是免提模式，客户整个办公室的人员都听到了，结果可想而知。

（2）常用语

①"感谢您的支持。"

②"希望我们能共同发展。"

③"欢迎到办事处指导工作。"

④"您的意见很重要。"

⑤"××的成长离不开大家的支持。"

⑥"这件事我来处理。"

⑦"欢迎您提出宝贵意见。"

（3）忌语

①"这事不归我管。"

②"以前这是谁做的，水平这么差。"

③"这是公司规定，我没办法。"

④"这是小事，无所谓。"

⑤"不关我事，你找别人吧。"

⑥"你会不会，你怎么搞的？"

⑦"这么简单的问题还问我？"

⑧"不可能。"

⑨"我是新来的，这我不懂。"

⑩"这我早告诉过你，怎么又搞错了？"

⑪"我没空。"

⑫"反正我做不了。"

⑬"我不知道。"

⑭"这事你不懂。"

⑮"要想培训效果好，到公司培训去。"

⑯"有问题？关电复位就得了。"

⑰"不付费，就不去。"

⑱"你欠我们款，我们不能去。"

⑲"这合同怎么签的？"

4.举止

①站立时抬头挺胸，走路莫摇晃，急事莫慌张。

②坐下时不要跷二郎腿，不可抖动双腿，不可仰坐在沙

发或座椅上。

③守时,准时赴约。

④遵守社会公德,尊重当地风俗习惯。

⑤维持良好的个人形象。

(1)面对客户

①初次见面主动自我介绍,双手递上名片。

②出入房间,上下电梯,让客户先行。

③在客户工作场所时,应主动了解并遵守客户公司的各项规章制度。

④严禁在客户办公场所和机房内抽烟、玩游戏。

⑤遇到竞争对手时应尊重对方,不攻击,不泄漏公司机密。

⑥廉洁自律,谨记个人行为代表公司形象。

名片交换的补充:不要索取用户名片;接过用户名片要认真看一遍,最好是小声念一下名字,并记住对方名字。

握手技巧:手心向下表达权力欲,手心向上表达谦卑,手心垂直表达正式,握手时间宜为 3~5s,对长、女、位尊者主动为宜,忌十字交叉握手。

坐车技巧:客人坐副驾驶后座,兼顾安全、尊重。

注视技巧:注视双眼到额头正三角区域适用于正式场合;注视双眼到嘴唇正三角区域适用于亲近关系;注视双眼到胸部区域适用于亲密关系。

客户让烟,怎么办? 你必须比客户更注意客户公司的相关制度,才能维护自己公司的形象。

(2)公司内部

①自觉维护公共卫生,办公桌面保持整洁,物品摆放有序,做到 6S(见下文);下班后清理办公现场,做好"五关"(见下文)。

②爱护公物,注意节约。

③工作时间禁止看与工作无关的报纸、杂志。

④当日事,当日毕,养成"日清"的工作习惯。

⑤以数据说话,做到事事有记录,各项工作有文档。

⑥养成平时自我学习的习惯,多看技术资料。

⑦出差注意安全,尽量避免深夜赶路;途中乘车小心,注意保管好行李。

6S:整理、整顿、清扫、清洁、素养、安全。

五关:关灯、关计算机、关复印机、关打印机、关空调。

稿纸双面使用补充:存在保密问题,大家要高度重视,向外扩散的东西千万不能使用废纸,因为废纸上可能有公司机密。有些办事处已明文规定不得使用废纸。

日清典范:银行。

工时系统:要及时填写(目的:问题分析、成本分析、提供决策支持;个人及部门工作绩效的记录,评价依据)。

提醒:离开公司办公场所后,不要戴工卡!

出行注意安全,尽量不在车上睡觉。

5. 机房行为要求

①进机房要征得用户同意,出入机房所带物品应严格登记。

②严格遵守用户公司的各项规章制度,如进机房是否穿鞋套等规定。

③严禁在机房内抽烟、玩游戏和乱动其他厂家的设备。

④对设备进行维护操作时,须经用户主管认可。

⑤在设备正常运行时,进行重大操作应选择在深夜,数据操作应谨慎,重要数据事先备份。

⑥插拔单板须戴防静电手腕带。

⑦工作结束后,要清理工作现场,整理各种物品,保持机房整洁。

举例:一个工程师带单板进了用户机房,但是却带不出来了,因为他没登记。

举例:在用户机房玩游戏,被用户主任看到,受到投诉。

举例:未经许可进行操作,用户上报为重大事故。

举例:某工程师白天进行操作,造成摊机事故。

举例:未戴手腕带,引起单板故障,返修检查发现是静电损伤。

案例 1:出入沟通

新员工小 A 被派到某局去做文档。小 A 接到任务后立即出发(未与客户及服务经理联系就赶往现场)。到局方后,未与局方主管沟通,入室登记后直接到机房从事该局文档资料的收集工作。由于小 A 对产品知识掌握较浅,很多查询操作均询问机房人员,导致局方人员认为他是冒充××公司员工来干坏事的,立即将其赶离机房。

案例 2:施工未清洁导致客户拒绝验收

某海外大客户 T 反映交付不到 1 个月的设备机柜的密封性很差,机柜内有大量尘土和杂物,客户意见较大,要求公司解释,否则将拒绝验收,同时这个问题严重影响另一个正在洽谈的项目。为了及时解决该问题,给客户一个满意的答复,消除问题对市场的影响,公司特派专家前往现场进行调研,分析处理。

案例 3:白天配置数据

某产品工程师 A,在某局处理一块支路板误码故障,由于对该板的测试未发现其他故障,便准备将该支路板换到其他槽位。13:20,在通话的高峰期,A 将某站的第四块支路板位的支路板移到第八块支路板位,重新下发配置数据,下发配置后,该站业务发生全阻,后来在高级督导的电话帮助下,14:48,业务才恢复正常,中断达 88min。

处罚:A 无视公司规范,在未征得局方同意的情况下,白天进行板位调整、配置数据等重大违规行为,造成业务中断,引起用户的强烈不满和市场投诉。给予其通报批评,并罚款 2000 元,季度考评下调一级。考虑其对问题认识较为深刻,暂不做辞退处理。

6. 邮件、传真书面往来

(1)面对客户

①对外邮件、传真中不得涉及公司机密。

②给客户的邮件、传真中用字应仔细斟酌,避免用词生硬、尖刻、不礼貌,发重要邮件或传真前应征求部门主管意见。

③与客户间往来的邮件、传真是重要的书面记录,应认真归档保存,不得随意处置。

(2)公司内部

节约公司网络资源,不乱发与工作无关的邮件。

7. 公司保密要求

(1)员工有义务保守公司的商业秘密与技术秘密,遵守员工保密制度,保护公司的知识产权。

(2)员工未经公司授权或批准,不准对外有意或无意提供任何涉及公司商业秘密与技术秘密的书面文件和未公开的经营机密或口头泄露以上秘密。

(3)在任何场合、任何情况下,对内、对外都不泄露、不打听、不议论本人及公司的薪酬福利待遇的具体细节和具体数额。

(4)员工未经公司书面批准,不得在公司外兼任任何获取薪金的工作。尤其严格禁止以下兼职行为:

①兼职于公司的业务关联单位或商业竞争对手。

②所兼任的工作构成对本单位的商业竞争。

③在公司内利用公司的时间资源和其他资源处理兼任的工作。

8. 运营商信息保密的范围及要求

(1)范围

①运营商业务运作体系、组织结构,以及业务关系及工作职责。

②运营商管理制度、业务流程。

③运营商工作规划(计划)、作业计划。

④技术档案与资料、工作记录。

⑤设备维护技术指标。

⑥质量管理制度及数据。

⑦属于运营商之外的第三方所有,但运营商对该第三方负有保密义务的技术信息和

经营信息。

⑧运营商所有的、具备法律规定的商业秘密性质的其他信息。

（2）要求

①与运营商业务接触时，应严格遵守运营商的信息安全、保密规定。

②工程师在日常工作中，对从运营商获知的商业秘密有保密责任。

③不得以盗窃、利诱、胁迫或者其他不正当手段获取运营商信息保密范围内的商业秘密。

④不得披露、使用或者允许他人使用运营商信息保密范围内的商业秘密。

⑤不得违反运营商有关保守商业秘密的要求，披露、使用或者允许他人使用其所掌握的运营商信息保密范围内的商业秘密。

⑥除为运营商设备进行技术支持和其他售后服务外，对运营商有关通信设备、网络结构、电路及业务等机密图纸、资料不得抄录、复制和带离。

⑦不得随意监听运营商电话，因业务需要监听电话时，必须遵守运营商相关管理规定（一般不得超过 3s）。

⑧运营商提供的商业秘密归运营商所有，工程师只能在约定（通过合同或协议形式）的业务范围内使用，在约定的业务范围之外，不得以任何方式使用运营商的商业秘密。

⑨不得以任何方式向任何第三方泄露、出售、出租、转让、许可使用或共享运营商的技术信息、经营信息，或提供可接触运营商技术信息、经营信息的手段。

⑩如果因履行合作项目，需要向合作单位提供运营商的保密信息，应先获得运营商的书面同意，并确保该合作单位不向任何与项目无关的人泄露信息（必要时可与合作单位签订保密协议）。

⑪合作项目结束时，应根据运营商的具体要求返还全部或部分含有"技术信息"、"商业秘密"的书面、电子资料。

⑫对运营商的保密义务不因项目合作结束而终止。只要运营商的相关信息还属于法律上规定的商业秘密，则对该等信息的保密义务就一直存在。

以上范围及要求，适用于技术服务部所有工程师（含合作单位工程师），所有工程师应严格执行对运营商信息的保密，对违反运营商信息保密规定并给运营商造成损失的，责任人应承担赔偿运营商损失并负相关的法律责任，包括民事责任、刑事责任。

9.外事行为规范

（1）忠于祖国、忠于人民，维护国家主权和民族尊严，不说有损祖国的话，不做有辱国格、人格的事。

（2）坚决执行党和国家的方针政策，自觉遵守国家法律、法规，遵守国家外事制度，严守外事纪律。

（3）严守国家秘密，严格遵守保密法规。坚持"内外有别"的原则，不泄露内部机密。既要热情友好，以礼相待；又要提高警惕，防范各种可能的情报搜集活动。

（4）站稳立场，坚持原则；谦虚谨慎，不卑不亢；讲究文明、礼貌，注意服饰、仪容；严禁酗酒。

（5）加强组织观念，自觉遵守组织纪律。

（6）遵守驻在国的法律，尊重驻在国的风俗习惯。

（7）注意人身安全，主动向使馆请示汇报，以取得指导和帮助，不要等出了问题，才要求使馆交涉。

（8）出国人员在国外期间，要顾全大局、发扬风格、协调配合，一切活动要有汇报。不允许个人擅自离队单独活动和延长境外停留时间。

（9）出国人员在国外期间，绝不允许组织、参加任何政治活动。

10. 注意事项

（1）首问负责制

可以模拟这样一个场景：找 2 位同学，一个扮演客户，一个扮演××公司工程师，客户的设备出现了故障，主动打公司当地的服务人员的电话。大家留意一下，他们在交谈过程中是否符合公司人员的行为规范，存在什么问题。

（2）交谈的语气和言辞要注意场合，掌握分寸，不夸夸其谈，不恶意中伤

面对客户要谨言慎行，如果你在电信维护人员面前说网通的坏话，客户会认为你在网通维护人员面前也说电信的坏话。客户会认为你素质不行。

（3）谈话时尊重对方，注意倾听

一定要注意倾听，做适当的记录，不能只是傻乎乎地听，要有一些回应，如：点头、重复客户的话、身子微向前倾，表示对客户的话很感兴趣，尊重客户。

（4）言而有信，没有把握的事不随意承诺

不能随意承诺，否则会失去客户的信任，即使承诺了，也要给自己留一定的余地。

（5）自觉维护公司形象，不传播或散布不利于公司的言论

在客户面前要管住自己的嘴巴。

（6）接听客户电话时的一些要求：

①当成本控制和客户满意度冲突的时候，应该把客户满意度放在第一位，注意说话的语气和口吻。

②客户来电时，不能说自己在其他客户现场工作忙，这样会使客户不悦，应该只说自己很忙，稍后再联系。

③客户深夜来电，一般是很紧急的事情，当电话中客户的语调激动的时候，应该安慰他。

3.2.3 任务小结

本任务着重介绍了通信服务人员的言谈举止，通过本任务的学习，李雷了解了基本的服务礼仪。

3.3　任务三　责任心与服务意识

知识目标：了解通信服务人员应具备的责任心与服务意识
能力目标：达到通信服务人员的标准
素质目标：培养学生的责任心
教学重点：通信服务人员的责任心和服务意识
教学难点：无

3.3.1　任务描述

李雷已经基本具备了通信服务人员的精神面貌、言谈举止，现在老师建议他学习通信服务人员应具备的责任心与服务意识。

3.3.2　责任心与服务意识

①有没有助人意愿。
②主动性，站在客户的角度思考。
③是否会排除万难去帮助客户。
④责任心与服务意识也是分层次的。
⑤马斯洛的"改变流程"。

1.客户接待案例的三个层次

第一种：客户到了，数字投影仪还没有准备好。很礼貌地请客户等待一会儿，让客户先看看其他资料，等待数字投影仪准备好。

第二种：提前一周先电话提醒客户。客户到达当天，提前安排车辆接送，到门口迎接。

第三种：提前了解客户上次什么时候来过公司，参观过了哪里，与哪位公司领导交流过，听过什么课程……

案例 1：

美国迪斯尼乐园里有位女士带着 5 岁小孩排着长队，等待登上梦想已久的太空穿梭游戏机。排队用了 40min，却在临上机时被告知由于小孩年纪太小而不能登机。其实，在排队开始处与中途都有告示，只是这位母亲没有注意到而已。

试想,如果碰到类似的情况,作为服务人员你应该如何处理呢?

案例 2:

刚刚过完春节,我就接到一项任务,要对某客户群 BSC 下所有小区修改 LAC 号,因为除夕夜曾出现 CPU 平均负荷达到 99%,峰值负荷为 100% 的情况。这项任务本身没什么难度,但我想到,去年中秋节 BSC 曾出现群发短消息导致信令负荷高的情况,当时我们提出解决方案,增加信令和 A 接口,分裂位置区及修改 MSC 寻呼方式。但前期几次扩容割接都只增加了信令和 A 接口,并没有实施位置区分裂和寻呼方式更改。原因很简单,客户维护人员感觉涉及计费,协调难度大,未给予重视。而我们也没有再强求客户一定要这样做。直到春节出现 CPU 负荷问题,分裂位置区才不得已而为之。我们虽然提前制定了预防措施,但因为没有及时实施,结果给客户留下了 BSC 问题不断的印象。

案例 3(主动服务,赢得客户):

员工 M,第一次到山西某单位做工程,以下为其此次历程。

(如果你是 M 要做哪些准备工作?)

面对陌生情况,M 先向办事处产品经理了解此次工程的情况,找市场相关人员了解对方人员的情况,然后再去找在该地区做过工程的工程师了解以前工程中出现过的问题,有哪些问题需要注意等。

在对这些情况有所了解后,M 再给对方建设部主任打电话,了解对方准备情况,告知自己到达的具体时间,和主任约定正式面谈的合适时间。同时告知将有两项工作要完成(工前协调会、开箱验货),希望对方能提前准备。

第二天中午,M 按时到达县局。建设部主任未说什么,只叫了一个随工过来,让两人一起去验货,就离开了办公室。

(如果你是 M 你会怎么想?)

M 心里有一些生气,"电话里明明说好了,下午有哪些事要做,他怎么可以这样"? 但转念一想,"也许人家还有别的事情要做,忙不过来,再说他至少还安排了一个人"。此前 M 了解到,该单位是第一次用公司的交换接入设备,以前基本上都是使用西门子的,且对西门子的评价很高。因此,M 想,要做好工程,就必须让对方对公司有一定的了解,对公司产品有一定的认识。考虑到对方领导对公司或现场工程师的情况,有很大一部分是通过随工来了解的。M 决定把随工作为一个突破口。

在验货的过程中,M 抓住时机不断向随工介绍公司,并主动给他讲开箱验货中的知识。这样,验完货后,随工对公司有了一定的了解,双方的距离也拉近了很多。第二天上午,M 又去找对方的建设主任,跟他协商工程进度。这次,主任对 M 的态度比前一天好了许多。

从这以后,整个工程中,M 每天都去主任那里跟他聊聊当天的工程情况和第二天要做的工作。工程中的一切问题,M 都尽量帮对方考虑到,并主动协助对方解决这些问题。同时,在日常工作中,M 一般都是早出晚归,且有空就给对方讲工程规范,讲技术知识。

(猜猜,结果如何?)

这样,慢慢地,对方建设部上上下下都对公司有了一定的了解,对公司的产品也有了一定的认识,都对 M 这种"主人翁"的工作态度感到非常满意,很多人也开始主动地帮 M

处理一些问题。最后,该工程非常顺利地完工,且获得对方高度赞扬,对方后来发来表扬信:"贵公司工程师 M,在我××工程过程中,表现出极强的主人公精神,严把设备安装质量关,对我单位人员进行了很好的培训工作,表现出了良好的工作作风,在此特向贵公司表示感谢。"

案例 4(没有刁难的客户,只有不好的服务):

某市局曾经是爱立信的天下。好不容易我公司争取到一个接入网市局项目,但工期较为紧张。在我公司工程师到达市局后,局方安排了一名女随工,在开箱验货期间和工程初期,存在大量的搬运工作,且其机房里较乱,需要进行大量的清理和搬运工作,在协调局方时,他们以人员紧张为由,不提供足够的配合。

(我们该怎么办?)

工程师将此情况反馈给办事处,主任考虑到此局的重要性,在办事处人员同样紧张的情况下,组织办事处在家的工程师、秘书、货管员、司机等一齐努力,加班加点,最后工程提前两天完工,工程质量也得到了局方领导的高度认可。最后,凭借此项目的成功,公司交换设备全面进入该市局,全面开花,此后两年,该办事处销售量进入公司销售量排名前四强。

2.容易犯的错误

漠然,满不在乎。当对工作厌烦时,有些员工表现出对顾客的需求漠不关心,好像这些与他没有任何关系。

逃避责任,踢皮球。例如拿出公司烦琐的操作规程来难为顾客,或说:"这事不归我们部门负责!"把"公司规定"凌驾于顾客满意之上,不愿为顾客着想而作出任何"例外"的决定。

强调自己正确的方面,不承认错误;总为自己辩护;争辩、争吵、打断对方。

责备和批评自己的同事,片面地突显自己的成绩。

装假关注;拖延工作或隐瞒实情。

机械的服务。对所有顾客都采用一成不变的,机械的服务模式,不能使顾客感到一丝真诚、温暖与关怀。

在事实澄清以前便承担责任。

3.五个字:诚、敬、静、谨、恒

诚,诚实、诚恳,为人表里一致。

敬,人要有畏惧,表现在内就是不存邪念,表现在外就是持身端庄、严肃有威仪。

静,人的心、气、神、体都要处于安宁放松的状态。

谨,言语上谨慎,不说大话、假话、空话,实实在在。

恒,生活有规律、饮食有节、起居有常。

这五个字的最高境界是"慎独",就是人应该谨慎地对待自己的独处,能在没有任何监督的条件下,按照最高标准要求自己。

3.3.3　任务小结

本任务介绍了通信服务人员应具备的责任心及服务意识,通过本任务的学习,李雷已经记住了五个字:诚、敬、静、谨、恒。

学习项目四　通信网

4.1　任务一　通信网及其构成要素

知识目标:了解通信网的概念和构成要素

能力目标:了解通信网构成要素、设备及节点之间的关系

素质目标:熟悉通信网设备及节点整体架构

教学重点:通信网都由哪些要素构成

教学难点:终端节点、交换节点、业务节点及传输系统设备的功能与作用

4.1.1　任务描述

李雷对现代通信网很感兴趣,老师建议他了解通信网的构成及相关要素。

4.1.2　通信网的概念

通信网是由一定数量的节点(包括终端节点、交换节点)和连接这些节点的传输系统有机地组织在一起,按约定的信令或协议完成任意用户间信息交换的通信体系。用户使用它可以克服空间、时间等障碍来进行有效的信息交换。

通信网上任意两个用户间、设备间或一个用户和一个设备间均可进行信息的交换。交换的信息包括用户信息(如语音、数据、图像等)、控制信息(如信令信息、路由信息等)和网络管理信息三类。

4.1.3　通信网的构成要素

实际的通信网是由软件和硬件按特定方式构成的一个通信系统,每一次通信都需要通过软硬件设施的协调配合来完成。从硬件构成来看,通信网由终端节点、交换节点、业务节点和传输系统构成,它们完成通信网的基本功能:接入、交换和传输。软件设施则包括信令、协议、控制、管理、计费等,它们主要完成通信网的控制、管理、运营和维护,实现通信网的智能化。

(1)终端节点。最常见的终端节点有电话机、传真机、计算机、视频终端、智能终端和PBX。其主要功能有:

①用户信息的处理:主要包括用户信息的发送和接收,将用户信息转换成适合传输系

统传输的信号以及相应的反变换。

②信令信息的处理：主要包括产生和识别连接建立、业务管理等所需的控制信息。

（2）交换节点。交换节点是通信网的核心设备，最常见的有电话交换机、分组交换机、路由器、转发器等。交换节点负责集中、转发终端节点产生的用户信息，但它自己并不产生和使用这些信息。其主要功能有：

①用户业务的集中和接入功能，通常由各类用户接口和中继接口组成。

②交换功能，通常由交换矩阵完成任意入线到出线的数据交换。

③信令功能，负责呼叫控制和连接的建立、监视、释放等。

④其他控制功能，路由信息的更新和维护、计费、话务统计、维护管理等。

（3）业务节点。最常见的业务节点有智能网中的业务控制节点（SCP）、智能外设、语音信箱系统，以及 Internet 上的各种信息服务器等。它们通常由连接到通信网络边缘的计算机系统、数据库系统组成。其主要功能是：

①实现独立于交换节点的业务的执行和控制。

②实现对交换节点呼叫建立的控制。

③为用户提供智能化、个性化、差异化的服务。

（4）传输系统。传输系统为信息的传输提供传输信道，并将网络节点连接在一起。其硬件组成应包括：线路接口设备、传输媒介、交叉连接设备等。

传输系统一个主要的设计目标就是提高物理线路的使用效率，因此通常都采用了多路复用技术，如频分复用、时分复用、波分复用等。

4.1.4　任务小结

本任务对通信网的概念和构成要素做了介绍，通过学习本任务，李雷对通信网构成要素有了一定的理解和掌握。

4.2　任务二　通信网的基本结构

知识目标：了解现代通信网相互依存的三部分

能力目标：了解业务网、传送网、支撑网的作用及组成

素质目标：培养学生对通信网的各部分功能进行区分的能力

教学重点：业务网构成要素；传送网功能；支撑网的同步、信令及管理

教学难点：传送网的交换功能；支撑网的同步网、信令网、管理网

4.2.1　任务描述

李雷对通信网的要素了解后，想对业务网内容详细了解，老师建议他学习通信网基本结构。

任何通信网络都具有信息传送、信息处理、信令网络管理功能。因此，从功能的角度

看,一个完整的现代通信网可分为相互依存的三部分:业务网、传送网、支撑网。

4.2.2　业务网

业务网负责向用户提供各种通信业务,如基本语音、数据、多媒体、租用线、VPN 等,构成一个业务网的主要技术要素包括网络拓扑结构、交换节点设备、编号计划、信令技术、路由选择、业务类型、计费方式、服务性能保证机制等,其中交换节点设备是构成业务网的核心要素。采用不同交换技术的交换节点设备通过传送网互连在一起就形成了不同类型的业务网。业务网交换节点的基本交换单位本质上是面向终端业务的,粒度很小,例如一个时隙、一个虚连接。业务网交换节点的连接在信令系统的控制下建立和释放。

4.2.3　传送网

传送网独立于具体业务网,负责按需为交换节点/业务节点之间的互连分配电路,为节点之间信息传递提供透明传输通道,它还具有电路调度、网络性能监视、故障切换等相应的管理功能。构成传送网的主要技术要素有:传输介质、复用体制、传送网节点技术等,其中传送网节点主要有分插复用设备(ADM)和交叉连接设备(DXC)两种类型,它们是构成传送网的核心要素。

传送网节点也具有交换功能。传送网节点的基本交换单位本质上是面向一个中继方向的,因此粒度很大,例如 SDH 中基本的交换单位是一个虚容器(最小是 2Mb/s),而在光传送网中基本的交换单位则是一个波长(目前骨干网上至少是 2.5Gb/s)。传送网节点之间的连接则主要是通过管理层面来指配建立或释放的,每一个连接需要长期维持和相对固定。

4.2.4　支撑网

支撑网负责提供业务网正常运行所必需的信令、同步、网络管理、业务管理、运营管理等功能,以提供用户满意的服务。支撑网包含同步网、信令网、管理网三部分。

①同步网处于数字通信网的最底层,负责实现网络节点设备之间和节点设备与传输设备之间信号的时钟同步、帧同步以及全网的网同步。

②信令网在逻辑上独立于业务网,它负责在网络节点之间传送与业务相关或无关的控制信息流。

③管理网的主要目标是通过实时和近实时监视业务网的运行情况,采取各种控制和管理手段,充分利用网络资源,保证通信的服务质量。

4.2.5　任务小结

本章对业务网、传送网、支撑网进行了讲解。通过本任务的学习,李雷对业务网、传送网及支撑网的内容有了一定的了解。

4.3　任务三　通信网的类型及拓扑结构

知识目标：了解通信网按不同方式划分的类型、基本拓扑结构类型
能力目标：理解通信网按不同方式划分的类型
素质目标：掌握通信网的类型及拓扑结构
教学重点：业务网构成要素
教学难点：各种通信网拓扑结构的优缺点

4.3.1　任务描述

对通信网的基本结构有了一定的学习,李雷对通信网的网络拓扑有了兴趣,老师建议他学习一下通信网的网络拓扑。

4.3.2　通信网的类型

①按业务类型分,可分为电话通信网(如 PSTN、移动通信网等)、数据通信网(如 X.25、Internet,帧中继网等)、广播电视网等。

②按空间距离和覆盖范围分,可分为广域网、城域网和局域网。

③按信号传输方式分,可分为模拟通信网和数字通信网。

④按运营方式分,可分为公用通信网和专用通信网。

⑤按通信的终端分,可分为固定网和移动网。

4.3.3　通信网的拓扑结构

在通信网中,所谓拓扑结构是指构成通信网的节点之间的互连方式。基本的拓扑结构有:网状网、星形网、复合型网、总线型网、环形网等。

①网状网是一种完全互连的网,网内任意两节点间均由直达线路连接,N 个节点的网络需要 $N(N-1)/2$ 条传输链路。其优点是线路冗余度大,网络可靠性高,任意两点间可直接通信;缺点是线路利用率低,网络成本高,另外网络的扩容也不方便,每增加一个节点,就需增加 N 条线路。

网状结构通常用于节点数目少,又有很高可靠性要求的场合。

②星形网又称辐射网,与网状网相比,增加了一个中心转接节点,其他节点都与转接节点有线路相连。N 个节点的星形网需要 $N-1$ 条传输链路。其优点是降低了传输链路的成本,提高了线路的利用率;缺点是网络的可靠性差,一旦中心转接节点发生故障或转接能力不足,全网的通信都会受到影响。

通常在传输链路费用高于转接设备费用、可靠性要求又不高的场合,可以采用星形结构,以降低建网成本。

③复合型网是由网状网和星形网复合而成的。它以星形网为基础,在业务量较大的

转接交换中心之间采用网状网结构,因而整个网络结构比较经济,且稳定性较好。

目前在规模较大的局域网和电信骨干网中广泛采用分级的复合型网络结构。

④总线型网属于共享传输介质型网络,总线型网中的所有节点都连至一个公共的总线上,任何时候只允许一个用户占用总线发送或接送数据。该结构的优点是需要的传输链路少,节点间通信无须转接节点,控制方式简单,增减节点也很方便;缺点是网络服务性能的稳定性差,节点数目不宜过多,网络覆盖范围也较小。

总线结构主要用于计算机局域网、电信接入网等网络中。

⑤环形网中所有节点首尾相连,组成一个环。N 个节点的环网需要 N 条传输链路。环网可以是单向环,也可以是双向环。该网的优点是结构简单,容易实现,双向自愈环结构可以对网络进行自动保护;缺点是节点数较多时转接时延无法控制,并且环形结构不好扩容。

环形结构目前主要用于计算机局域网、光纤接入网、城域网、光传输网等网络中。

4.3.4　任务小结

本任务介绍了通信网的拓扑结构,通过本任务的学习,李雷已经对通信网的类型及拓扑结构都有了了解。

4.4　任务四　通信传送网的内容

知识目标:了解通信传送网的传输介质、多路复用技术,SDH 传送网、光传送网、自动交换光网络的特点、组成、结构及接口

能力目标:掌握 SDH 网、光传送网、自动交换光网络的特点

素质目标:掌握 OTN 网、ASON 网的特点及分层结构

教学重点:各类型传送网的功能及结构

教学难点:传送网的特点及各类传送网的结构分层

4.4.1　任务描述

李雷已经对通信网的结构及拓扑都进行了学习,觉得想深入了解通信的网络类型,老师建议他对传送网和交换网进行学习。

4.4.2　传输介质

传送网为各类业务网提供业务信息传送手段,负责将节点连接起来,并提供任意两点之间信息的透明传输,同时也提供带宽的调度管理、故障的自动切换保护等管理维护功能。由传输线路、传输设备组成的传送网络也称为基础网。

传输介质是指信号传输的物理通道。任何信息在实际传输时都会以电信号或光信号的形式在传输介质中传播,信息能否成功传输则取决于两个因素:传输信号本身的质量和

传输介质的特性。

传输介质分为有线介质和无线介质两大类,在有线介质中,电磁波信号会沿着有形的固体介质传输,有线介质目前常用的有双绞线、同轴电缆和光纤;在无线介质中,电磁波信号通过地球外部的大气或外层空间进行传输,大气或外层空间并不对信号本身进行制导,因此可认为是在自由空间传输。无线传输常用的电磁波主要有无线电、微波、红外线等。

4.4.3 多路复用技术

按信号在传输介质上的复用方式的不同,传输系统可分为四类:基带传输系统、频分复用(FDM)传输系统、时分复用(TDM)传输系统和波分复用(WDM)传输系统。

1. 基带传输系统

基带传输是在短距离内直接在传输介质传输模拟基带信号。在传统电话用户线上采用该方式。基带传输的优点是线路设备简单,在局域网中广泛使用;缺点是传输媒介的带宽利用率不高,不适于在长途线路上使用。

2. 频分复用传输系统

频分复用(FDM)是将多路信号经过高频载波信号调制后在同一介质上传输的复用技术。每路信号要调制到不同的载波频段上,且各频段保持一定的间隔,这样各路信号通过占用同一介质不同的频带实现了复用。

FDM 传输系统主要的缺点是:传输的是模拟信号,需要模拟的调制解调设备,成本高且体积大;由于难以集成,故工作的稳定度不高;计算机难以直接处理模拟信号,导致在传输链路和节点之间有过多的模数转换,从而影响传输质量。目前 FDM 技术主要用于微波链路和铜线介质上,在光纤介质上该方式更习惯被称为波分复用。

3. 时分复用传输系统

时分复用(TDM)是将模拟信号经过调制后变为数字信号,然后对数字信号进行时分多路复用的技术。TDM 中多路信号以时分的方式共享一条传输介质,每路信号在属于自己的时间片中占用传输介质的全部带宽。

相对于频分复用传输系统,时分复用传输系统可以利用数字技术的全部优点:差错率低,安全性好,数字电路高度集成,以及更高的带宽利用率。目前主要有两种时分数字传输体系:准同步数字体系 PDH 和同步数字体系 SDH。

4. 波分复用传输系统

波分复用(WDM)本质上是光域上的频分复用技术。WDM 将光纤的低损耗窗口划分成若干个信道,每一信道占用不同的光波频率(或波长),在发送端采用波分解复用器(合波器)将不同波长的光载波信号合并起来送入一根光纤进行传输。在接收端,再由波分解复用器(分波器)将这些由不同波长光载波信号组成的光信号分离开来。由于不同波长的光载波信号可以看作是互相独立的(不考虑光纤非线性时),在一根光纤中可实现多路光信号的复用传输。

一个 WDM 系统可以承载多种格式的"业务"信号,如 ATM、IP、TDM 或者将来有可能出现的信号。WDM 系统完成的是透明传输,对于业务层信号来说,WDM 的每个波长与一条物理光纤没有分别;WDM 是网络扩容的理想手段。

4.4.4　SDH 传送网

1.特点

SDH 传送网是一种以同步时分复用和光纤技术为核心的传送网结构,它由分插复用、交叉连接、信号再生放大等网元设备组成,具有容量大、对承载信号语义透明以及在通道层上实现保护和路由的特点。

(1)SDH 是一个独立于各类业务网的业务公共传送平台,具有强大的网络管理功能。

(2)SDH 采用同步复用和灵活的复用映射结构;有全球统一的网络节点接口,使得不同厂商设备间信号的互通、复用、交叉连接和交换过程得到简化。

(3)SDH 主要有如下优点:标准统一的光接口;强大的网管功能。

2.帧结构

SDH 帧结构是实现 SDH 网络功能的基础,便于实现支路信号的同步复用、交叉连接和 SDH 层的交换,同时使支路信号在一帧内的分布是均匀的、有规则的和可控的,以利于其上、下电路。

(1)SDH 帧结构以 125us 为帧同步周期,并采用了字节伺插、指针、虚容器等关键技术。SDH 系统中的基本传输速率是 STM-1,其他高阶信号速率均为 STM-1 的整数倍。

(2)每个 STM 帧由段开销(SOH)、管理单元指针(AU-PTR)和 STM 净负荷三部分组成,段开销用于 SDH 传输网的运行、维护、管理和指配(OAM&P),它又分为再生段开销(Regenerator SOH)和复用段开销(Multiplexer SOH)。段开销是保证 STM 净负荷正常灵活地传送所必须附加的开销。

(3)STM 净负荷是存放要通过 STM 帧传送的各种业务信息的地方,它也包含少量用于通道性能监视、管理和控制的通道开销(POH)。

(4)管理单元指针 AU-PTR 则用于指示 STM 净负荷中的第一个字节在 STM-N 帧内的起始位置,以便接收端可以正确分离 STM 净负荷。

4.4.5　光传送网

1.光传送网(OTN)特点

光传送网(OTN)是一种以 DWDM 与光通道技术为核心的新型传送网结构,它由光分插复用、光交叉连接、光放大等网元设备组成,具有超大容量、对承载信号语义透明及在光层面上实现保护和路由的特点。

（1）DWDM 技术可以不断提高现有光纤的复用度，在最大限度利用现有设施的基础上满足用户对带宽持续增长的需求；DWDM 技术独立于具体的业务，同一根光纤的不同波长上接口速率和数据格式相互独立，可以在一个 OTN 上支持多种业务。

（2）OTN 可以保持与现有 SDH 网络的兼容性；SDH 系统只能管理一根光纤中的单波长传输，而 OTN 系统既能管理单波长，也能管理每根光纤中的所有波长；随着光纤的容量越来越大，基于光层的 OTN 的故障恢复比基于电层的更快、更经济。

2. OTN 的分层结构

OTN 是在传统 SDH 网络中引入光层发展而来的，其分层结构如表 4.1 所示。光层负责传送电层适配到物理媒介层的信息，在 ITU-TG.872 建议中，它被细分成三个子层，由上至下依次为：光信道层（OCh）、光复用段层（OMS）、光传输段层（OTS）。相邻层之间遵循 OSI 参考模型定义的上、下层间的服务关系模式。

表 4.1　OTN 的分层结构表

IP/MPLS	PDH	STM-N	GaE	ATM
光信道层（OCh）				
光复用段层（OMS）				
光传输段层（OTS）				

（1）光信道层负责为来自电复用段层的各种类型的客户信息选择路由、分配波长，为灵活的网络选路安排光信道连接，处理光信道开销，实现光信道层的检测、管理功能，它还支持端到端的光信道（以波长为基本交换单元）连接，在网络发生故障时，执行重选路由或进行保护切换。

（2）光复用段层保证相邻的两个 DWDM 设备之间的 DWDM 信号的完整传输，为波长复用信号实现网络功能，包括：为支持灵活的多波长网络选路重新配置光复用段；为保证 DWDM 光复用段适配信息的完整性进行光复用段开销的处理；光复用段的运行、检测、管理等。

（3）光传输层为光信号在不同类型的光纤介质上（如 G.652、G.655 等）实现传输功能，同时实现对光放大器和光再生中继器的检测和控制。通常会涉及功率均衡、EDFA 增益控制、色散的积累和补偿等问题。

3. 网络节点

实现光网络的关键是要在 OTN 节点实现信号在全光域上的交换、复用和选路，目前在 OTN 上的网络节点主要有两类：光分插复用器（OADM）和光交叉连接器（OXC）。

（1）光分插复用器（OADM）主要是在光域实现传统 SDH 中的 SADM 在时域中实现的功能，包括从传输设备中有选择地下路去往本地的光信号，同时上路本地用户发往其他用户的光信号，而不影响其他波长信号的传输。与电 ADM 相比，它更具透明性，可以处理不同格式和速率的信号，大大提高了整个传送网的灵活性。

(2)光交叉连接器(OXC)的主要功能与传统 SDH 中的 SDXC 在时域中实现的功能类似,不同点在于 OXC 在光域上直接实现了光信号的交叉连接、路由选择、网络恢复等功能,无须进行 OEO 转换和电处理,它是构成 OTN 的核心设备。

4.4.6 自动交换光网络(ASON)

ASON 即自动交换光网络,是一种由用户动态发起业务请求,自动选路,并由信令控制实现连接的建立、拆除,能自动、动态完成网络连接,融交换、传送为一体的新一代光网络。ASON 的基本设想是在光传送网中引入控制平面,以实现网络资源的按需分配,从而实现光网络的智能化。

1. ASON 的特点

ASON 相对传统 SDH 具备以下特点:
(1)支持端到端的业务自动配置;
(2)支持拓扑自动发现;
(3)支持 Mesh 组网保护,提高了网络的可生存性;
(4)支持差异化服务,根据客户层信号的业务等级决定所提供的保护等级;
(5)支持流量工程控制,网络可根据客户层的业务需求,实时动态地调整网络的逻辑拓扑,实现了网络资源的最佳配置。

2. ASON 的功能结构

ASON 网络由智能网元、TE 链路、ASON 域和 SPC(Soft Permanent Connection)组成。

3. ASON 的组成

ASON 主要由以下三个独立的平面组成:
(1)控制平面:由一组通信实体组成,负责完成呼叫控制和连接控制,通过信令完成连接的建立、释放、监测和维护,并在发生故障时自动恢复连接。
(2)传送平面:就是传统 SDH 网络,它完成光信号的传输、复用、配置保护倒换和交叉连接等,并确保所传光信号的可靠性。
(3)管理平面:完成传送平面、控制平面和整个系统的维护,能够进行端到端的配置,是控制平面的一个补充,其功能包括性能管理、故障管理、配置管理和安全管理。

4. ASON 的接口

ASON 在逻辑上可以有用户-网络接口(UNI)、内部网络-网络接口(I-NNI)和外部网络-网络接口(E-NNI)。

4.4.7 任务小结

本任务介绍了 SDH 网、光传送网、自动交换光网络的相关知识,通过本任务的学习,李雷已经了解了 SDH 网、光传送网及自动交换光网络。

4.5 任务五 业务网、支撑网的相关内容

知识目标：了解业务网的类型及支撑网相关内容
能力目标：了解电话网、数据通信、ISDN 的特点及类型
素质目标：掌握业务网各种类型的优缺点
教学重点：数据网及数字网中包含的速率对网络的影响
教学难点：数据网及业务网的接口及速率划分

4.5.1 任务描述

学习完通信网的类型及拓扑后，李雷对通信网的具体操作比较感兴趣，老师建议他学习数据网。

目前，各种网络为用户提供了大量的不同业务，业务的分类并无统一的方式，一般会受到实现技术和运营商经营策略的影响。

4.5.2 电话网

通信网提供固定电话业务、移动电话业务、VoIP、会议电话业务和电话语音信息服务业务等。该类业务不需要复杂的终端设备，所需带宽小于 64Kbit/s，采用电路或分组方式承载。

（1）固定电话网是目前覆盖范围最广，业务量最大的网络，分为本地电话网和长途电话网。本地电话网是在同一编号区内的网络，由端局、汇接局和传输链路组成；长途电话网是在不同的编号区之间的网络，由长途交换局和传输链路组成。

电话交换局是电话网中的核心，采用数字程控交换设备，每一路电话编码为 64Kbit/s 的数字信号，占据一次群中的某一时隙，在信令的控制下进行时隙交换，从而和各个不同的用户相连。

（2）移动电话网由移动交换局、基站、中继传输系统和移动台组成。移动交换局和基站之间通过中继线相连，基站和移动台之间为无线接入方式。移动交换局对用户的信息进行交换，并实现集中控制管理。

大容量的移动通信网络形成多级结构，为了均匀负荷，合理利用资源，避免在某些方向上产生话务拥塞，在网络中设置移动汇接局。

（3）IP 电话网通过分组交换网传送电话信号。在 IP 电话网中，主要采用语音压缩技术和语音分组交换技术。传统电话网一般采用的 A 律 13 折线 PCM 编码技术，一路电话的编码速率为 64Kbit/s，或者采用 y 律 15 折线编码方法，编码速率为 52Kbit/s。IP 电话采用共轭结构算术码本激励线性预测编码法，编码速率为 8Kbit/s，再加上静音检测，统计复用技术，平均每路电话实际占用的带宽仅为 4Kbit/s，节省了带宽资源。IP 电话用分

组的方式来传送语音,在分组交换网中采用了统计复用技术,提高了对于传输链路和其他网络资源的利用率。

4.5.3　数据通信网

数据通信网由数据终端、传输网络、数据交换和数据处理设备等组成,依靠网络协议的支持完成网中各设备之间的数据通信。其功能是对数据进行传输、交换、处理,可实现网内资源共享。数据通信网包括分组交换网、数字数据网、帧中继网、计算机互联网,这些网络都是为计算机联网及其应用服务的。

(1)X.25 分组交换网

X.25 分组交换网是采用分组交换技术的可以提供交换链接的数据通信网络。除了为公众提供数据通信业务外,电信网络内部的很多信息,如交换网、传输网的网络管理数据都通过 X.25 网进行传送。这种网络的缺点是协议处理复杂,信息传送的时间延迟较大,不能实现实时通信,因此其应用范围受到限制。

(2)数字数据网(DDN)

和 X.25 网提供交换式的数据连接不同,DDN 是为计算机联网提供固定或半固定的连接数据通道。DDN 的主要设备包括数字交叉连接设备、数据复用设备、接入设备和光纤传输设备。通过数字交叉连接设备进行电路调度、电路监控、网络保护,为用户提供高质量的数据传输电路。

(3)帧中继网

帧中继网是在 X.25 网络的基础上发展起来的数据通信网。它的特点是取消了逐段的差错控制和流量控制,把原来的三层协议处理改为两层协议处理,从而缩短了中间节点的处理时间,同时传输链路的传输速率也有所提高,降低了信息通过网络的时间延迟。

帧中继网络由帧中继交换机、帧中继接入设备、传输链路、网络管理系统组成。提供较高速率的交换数据连接,在时间响应性能方面较 X.25 网有明显的改进,可在局域网互连、文件传送、虚拟专用网等方面发挥作用。

(4)计算机互联网

计算机互联网是一类分组交换网,采用无连接的传送方式,网络中的分组在各个节点被独立处理,根据分组上的地址传送到它的目的地。互联网主要由路由器、服务器、网络接入设备、传输链路等组成。路由器是网络中的核心设备,对各分组起到交换的作用,信息通过逐段传送直接传送到相应的目的地,互联网采用 IP 协议把信息分解成由 IP 协议规定的 IP 数据报,同时对地址进行分配,按照分配的 IP 地址对分组进行路由选择,实现对分组的处理和传送。计算机互联网是业务量发展最快的数据通信网络,所提供的各类应用,如视频点播、远程教育、网上购物等,给我们的生活带来很多变化。

4.5.4　综合业务数字网(ISDN)

综合业务数字网(ISDN)是由电话综合数字网演变而成,提供端到端的数字连接,以支持一系列广泛的业务(包括语音和非语音业务),为用户提供一组标准的多用途用户一网络接口。综合业务数字网有窄带和宽带两种。

(1)窄带综合业务数字网向用户提供的有基本速率(2B+D,144Kbit/s)和一次群速率(30B+D,2Mbit/s)两种接口。基本速率接口包括两个能独立工作的 B 信道(64Kbit/s)和一个 D 信道(16Kbit/s),其中 B 信道一般用来传输语音、数据和图像,D 信道用来传输信令或分组信息。宽带具有向用户提供 155Mbit/s 以上速率的通信的能力。

①ISDN(2B+D)业务:具有普通电话无法比拟的优势,利用一条用户线路,就可以在上网的同时拨打电话、收发传真,就像两条电话线一样;通过配置适当的终端设备,可以实现会议电视功能;在数字用户线中,存在多个复用的信道,比现有电话网中的数据传输速率提高了 2~8 倍。由于采用端到端的数字传输,传输质量明显提高,接收端声音基本不失真,数据传输的比特误码特性比电话线路至少改善了 10 倍。使用灵活方便,只需一个入网接口,使用一个统一的号码,就能得到各种业务,大大地提高了网络资源的利用率。

②ISDN(30B+D)业务:在一个基群速率(30B+D)接口中,有 30 个 B 通路和 1 个 D 通路,每个 B 通路和 D 通路均为 64Kbit/s,共 1.920Mbit/s。可实现 Internet 的高速连接;远程教育、视频会议和远程医疗;连锁的销售管理;终端的远程登录、局域网互连;连接 PBX,提供语音通信。

(2)宽带综合业务数字网(B-ISDN)是在 ISDN 的基础上发展起来的,可以支持各种不同类型、不同速率的业务,包括速率不大于 64Kbit/s 的窄带业务(如语音、传真),宽带分配型业务(广播电视、高清晰度电视),宽带交互型通信业务(可视电话、会议电视),宽带突发型业务(高速数据)等。

B-ISDN 的主要特征是以同步转移模式(STM)和异步转移模式(ATM)兼容方式,在同一网络中支持范围广泛的声音、图像和数据的应用。

4.5.5 支撑网相关内容

一个完整的电信网除有以传递电信业务为主的业务网之外,还需有若干个用来保障业务网正常运行、增强网络功能、提高网络服务质量的支撑网络。支撑网是现代电信网运行的支撑系统。支撑网中传递相应的监测和控制信号,包括公共信道信令网、同步网、电信管理网等。

1.信令网

信令网是公共信道信令系统传送信令的专用数据支撑网,一般由信令点(SP),信令转接点(STP)和信令链路组成。信令网可分为不含 STP 的无级网和含有 STP 的分级网。无级信令网信令点间都采用直连方式工作,又称直连信令网。分级信令网信令点间可采用准直连方式工作,又称非直连信令网。

2.同步网

同步网是现代电信网运行的支持系统之一,为电信网内所有电信设备的时钟(或载波)提供同步控制信号。数字网内任何两个数字交换设备的时钟速率差超过一定数值时,会使接收信号交换机的缓冲存储器读、写时钟有速率差,当这个差值超过某一定值时就会产生滑码,以致造成接收的数据流误码或失步。同步网的功能就在于使网内全部数字交换设备的时钟频率工作在共同的速率上,以消除或减少滑码。

(1)数字网同步和数字同步网

①使数字通信网中各个单元使用某个共同的基准时钟频率,实现各网元时钟间的同步,称为网同步。数字网同步的方式很多,其中准同步方式是指在一个数字网中各个节点,分别设置高精度的独立时钟,这些时钟产生的定时信号以同一标称速率出现,而速率的变化限制在规定范围内,故滑动率是可以接受的。通常国际通信时采用准同步方式。目前,我国及世界上多数国家的国内数字网同步都采用主从同步方式。

②数字同步网用于实现数字交换局之间、数字交换局和数字传输设备之间的同步,它是由各节点时钟和传递频率基准信号的同步链路构成的。数字同步网的组成包括两个部分,即交换局间的时钟同步和局内各种时钟之间的同步。

(2)同步网的等级结构

我国国内数字同步网采用由单个基准时钟控制的分区式主从同步网结构。主从同步方式是将一个时钟作为主(基准)时钟,网中其他时钟(从时钟)同步于主时钟。我国数字同步网的等级分为4级。

①第一级是基准时钟(PRC),由铯原子钟组成,它是我国数字网中最高质量的时钟,是其他所有时钟的定时基准。

②第二级是长途交换中心时钟,是由装备 GPS 接收设备及有保持功能的高稳定时钟(受控铷钟和高稳定度晶体时钟)构成的高精度区域基准时钟(LPR),该时钟分为 A 类和 B 类。设置于一级(C1)和二级(C2)长途交换中心的大楼综合定时供给系统(BITS)时钟属于 A 类时钟,它通过同步链路直接与基准时钟同步。设置于三级(C3)和四级(C4)长途交换中心的大楼综合定时供给系统时钟属于 B 类时钟,它通过同步链路受 A 类时钟控制,间接地与基准时钟同步。

③第三级时钟是有保持功能的高稳定度晶体时钟,其频率偏移率可低于二级时钟。通过同步链路与二级时钟或同等级时钟同步。设置在汇接局(Tm)和端局(C5)。需要时可设置在大楼综合定时供给系统。

④第四级时钟是一般晶体时钟,通过同步链路与第三级时钟同步,设置于远端模块、数字终端设备和数字用户交换设备。

(3)大楼综合定时供给系统(BITS)和定时基准的传输

①大楼综合定时供给系统(BITS)是指在每个通信大楼内,设有一个主钟,它受控于来自上面的同步基准(或 GPS)信号,楼内所有其他时钟与该主钟同步。主钟等级应该与楼内交换设备的时钟等级相同或更高。BITS 由五部分组成:参考信号入点、定时供给发生器、定时信号输出、性能检测及告警。我国在数字同步网的二、三级节点设 BITS,并向需要同步基准的各种设备提供定时信号。

②定时基准有三种传输方式:

第一种是采用 PDH(2Mbit/s)的专线,即在上下级 BITS 之间用 PDH(2Mbit/s)专线传输定时基准信号(2.048Mbit/s)。

第二种是采用 PDH(2Mbit/s)的带有业务的电路,即当上级的交换机已同步于该楼内的 BITS 时,利用上下级交换机之间的 2Mbit/s 中继电路传输定时基准信号。

第三种是采用 SDH 线路码传输定时基准信号。上级 SDH 端机的 G. 813 时钟同步于该楼内的 BITS,采用 STM-N 线路码将基准信号传输到下级 SDH 端机,提取出定时信号(2.048Mbit/s)并将其送给下级 BITS。

3. 电信管理网

电信管理网是为保持电信网正常运行和服务,对其进行有效的管理而建立的软、硬件系统和组织体系的总称,是现代电信网运行的支撑系统之一,是一个综合的、智能的、标准化的电信管理系统。一方面对某一类网络进行综合管理,包括数据的采集,性能监视、分析,故障报告、定位以及对网络的控制和保护;另一方面对各类电信网实施综合性的管理,即首先对各种类型的网络建立专门的网络管理,然后通过综合管理系统对各专门的网络管理系统进行管理。

(1)电信管理网的主要功能是:根据各局间的业务流向、流量统计数据有效地组织网络流量分配;根据网络状态,经过分析判断进行电路调度、组织迂回和流量控制等,以避免网络过负荷和阻塞扩散;在出现故障时根据告警信号和异常数据采取封闭、启动、倒换和更换故障部件等措施,尽可能使通信及相关设备恢复和保持良好运行状态。随着网络不断地扩大和设备更新,维护管理的软硬件系统将进一步加强、完善和集中,从而使维护管理更加机动、灵活、适时、有效。

(2)电信管理网主要包括网络管理系统、维护监控系统等,由操作系统、工作站、数据通信网、网元组成,其中网元是指网络中的设备,可以是交换设备、传输设备、交叉连接设备、信令设备。数据通信网则提供传输数据、管理数据的通道,它往往借助电信网来建立。

4.5.6　任务小结

本任务介绍了电话网、数据通信网、综合业务数字网及支撑网的相关内容。通过本任务的学习,李雷对每个网络具体的内容都有了了解。

学习项目五　光传输系统

5.1　任务一　光纤通信系统的构成

知识目标：了解光纤通信系统的概念、光传输媒质及设备

能力目标：了解光纤通信的损耗、色散、光传输设备及作用；

　　　　　　了解光通信系统传输网技术体制、光波分复用技术

素质目标：掌握光传输设备的整个系统

教学重点：光通信系统传输网技术体制及光波分复用原理及应用

教学难点：光传输媒质、光波分复用原理及分类

5.1.1　任务描述

李雷对光通信产生了兴趣，老师建议他学习光传输系统的相关知识。

光通信系统通常指光纤传输通信系统，是目前通信系统中最常用的传输系统。掌握光纤传输通信系统的基本原理是了解光通信的窗口。

5.1.2　光纤通信系统

（1）光纤通信是以光波作为载频，以光导纤维（简称光纤）作为传输媒介，遵循相应的技术体制的一种通信方式。最基本的光纤通信系统由光发射机、光纤线路（包括光缆和光中继器）和光接收机组成，见图5.1。

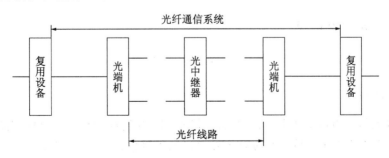

图5.1　光纤通信系统组成框图

（2）光纤通信系统通常采用数字编码、强度调制、直接检波等技术。所谓编码，就是用

一组二进制码组来表示每一个有固定电平的量化值。强度调制就是在光端机发送端,通过调制器用电信号控制光源的发光强度,使光强度随信号电流线性变化(这里的光强度是指单位面积上的光功率)。直接检波是指在光端机接收端,用光电检测器直接检测光的有无,再转化为电信号。光纤作为传输媒质,以最小的衰减和波形畸变将光信号从发送端传输到接收端。为了保证通信质量,光信号在光纤中传输一定距离后会衰减,进入光中继器,由光中继器对已衰落的光信号脉冲进行补偿和再生。

5.1.3 光传输媒质

(1)光纤是光通信系统最普遍和最重要的传输媒质,它由单根玻璃纤芯、紧靠纤芯的包层、一次涂覆层以及套塑保护层组成。纤芯和包层由两种光学性能不同的介质构成,内部的介质对光的折射率比环绕它的介质的折射率高,因此当光从折射率高的一侧射入折射率低的一侧时,只要入射角度大于一个临界值,就会发生光全反射现象,能量将不受损失。这时包在外围的覆盖层就像不透明的物质一样,防止了光线在穿插过程中从表面逸出。

(2)光在光纤中传播,会发生信号的衰减和畸变,其主要原因是光纤存在损耗和色散。损耗和色散是光纤最重要的两个传输特性,它们直接影响光传输的性能。

①光纤传输损耗:损耗是影响系统传输距离的重要因素之一,光纤自身的损耗主要有吸收损耗和散射损耗。吸收损耗是因为光波在传输中有部分光能转化为热能;散射损耗是由材料的折射率不均匀或有缺陷、光纤表面畸变或粗糙造成的,主要包含瑞利散射损耗、非线性散射损耗和波导效应散射损耗。当然,在光纤通信系统中还存在非光纤自身原因的一些损耗,包括连接损耗、弯曲损耗和微弯损耗等。这些损耗的大小将直接影响光纤传输距离的长短和中继距离的选择。

②光纤传输色散:色散是光脉冲信号在光纤中传输,到达输出端时发生的时间上的展宽。产生的原因是光脉冲信号的不同频率成分、不同模式,在传输时因速度不同,到达终点所用的时间不同而引起的波形畸变。这种畸变使得通信质量下降,从而限制了通信容量和传输距离。减少光纤的色散,对增加光纤通信容量,延长通信距离,发展高速 40Gb/s 光纤通信和其他新型光纤通信技术都是至关重要的。

5.1.4 光传输设备

光传输设备主要包括:光发送机、光接收机、光中继器。

1.光发送机

光发送机的作用是将数字设备的电信号进行电/光转换,调节并处理成满足一定条件的光信号后送入光纤中传输。光源是光发送机的关键器件,它产生光纤通信系统所需要的载波;输入接口在电/光之间解决阻抗、功率及电位的匹配问题;线路编码包括码型转换和编码;调制电路将电信号转变为调制电流,以便实现对光源输出功率的调节。图 5.2 所示为光发送机组成框图。

2.光接收机

光接收机的作用是把经过光纤传输后,脉冲幅度被衰减、宽度被展宽的弱光信号转变为电信号,并放大、再生,恢复成原来的信号。图5.3所示为光接收机组成框图。

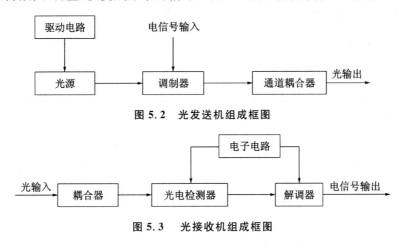

图 5.2　光发送机组成框图

图 5.3　光接收机组成框图

3.光中继器

光中继器的作用是将通信线路中传输一定距离后衰弱、变形的光信号恢复再生,以便继续传输。再生光中继器有两种类型:一种是光-电-光中继器;另一种是光-光中继器。

传统的光中继器采用的是光电光(OEO)的模式,光电检测器先将光纤传送来的非常微弱的且可能失真了的光信号转换成电信号,再通过放大、整形、再定时,还原成与原来的信号一样的电脉冲信号。然后用这一电脉冲信号驱动激光器发光,又将电信号变换成光信号,向下一段光纤发送出光脉冲信号。这种方式过程烦琐,很不利于光纤的高速传输。自从掺铒光纤放大器问世以后,光中继实现了全光中继。

5.1.5　光通信系统传输网技术体制

在数字通信发展的初期,世界上采用的数字传输系统都是准同步数字体系(PDH),这种体制适应了当时点对点通信的应用。随着数字交换的引入,光通信技术的发展,基于点对点传输的准同步体系存在的一些弱点都暴露出来,电信网亟待向高度灵活和智能化方向发展。同步数字体系(SDH)使 PDH 中存在的问题得以解决,SDH 传输网络应用进入一个新的阶段,同步数字体系成为新一代光通信传输网体制。

1.准同步数字体系(PDH)的弱点

(1)只有地区性的数字信号速率和帧结构标准,没有世界性标准。北美、日本、欧洲三个国家和地区的标准互不兼容,造成国际互通困难。

(2)没有世界性的标准光接口规范,各厂家自行开发的光接口无法在光路上互通,限制了联网应用的灵活性。

（3）复用结构复杂，缺乏灵活性，上下业务费用高，数字交叉连接功能的实现十分复杂。

（4）网络运行、管理和维护（OAM）主要靠人工的数字信号交叉连接和停业务测试，复用信号帧结构中辅助比特严重缺乏，阻碍网络 OAM 能力的进一步增强。

（5）由于复用结构缺乏灵活性，数字通道设备的利用率很低，非最短的通道路由占了业务流量的大部分，无法提供最佳的路由选择。

2.同步数字体系（SDH）的特点

（1）使三种标准在 STM-1 等级以上获得统一，实现了数字传输体制上的世界性标准。

（2）采用了同步复用方式和灵活的复用映射结构，使网络结构得以简化，上下业务十分容易，也使数字交叉连接的实现大大简化。

（3）SDH 帧结构中安排了丰富的开销比特，使网络的 OAM 能力大大加强。

（4）有标准光接口信号和通信协议，光接口成为开放型接口，满足多厂家产品环境要求，降低了联网成本。

（5）与现有网络能完全兼容，还能容纳各种新的业务信号，即具有完全的后向兼容性和前向兼容性。

（6）频带利用率较 PDH 有所降低。

（7）宜选用可靠性较高的网络拓扑结构，降低网络层上的人为错误、软件故障乃至计算机病毒给网络带来的风险。

5.1.6 光波分复用（WDM）

（1）光波分复用是将不同规定波长的信号光载波在发送端通过光复用器（合波器）合并起来送入一根光纤进行传播，在接收端再由一个光解复用器（分波器）将这些不同波长承载不同信号的光载波分开。这些不同波长的光信号所承载的数字信号可以是相同速率、相同数据格式，也可以是不同速率、不同数据格式。

（2）采用 WDM 技术可以充分利用单模光纤的巨大带宽资源（低损耗波段），在大容量长途传输时可以节约大量光纤。另外，波分复用通道对数据格式是透明的，即与信号速率及电调制方式无关，在网络发展中，是理想的扩容手段，也是引入宽带新业务的方便手段。

（3）根据需要，WDM 技术可以有多种网络应用形式，如长途干线网、广播式分配网络、多路多址局域网络等。可利用 WDM 技术选路，实现网络交换和恢复，从而获得透明、灵活、经济且生存能力强的光网络。

（4）依据通道间隔和应用的不同，光波分复用有稀疏波分复用（CWDM）和密集波分复用（DWDM）之分。一般 CWDM 的信道间隔为 20nm，而 DWDM 的信道间隔为 0.2～1.2nm。

5.1.7 任务小结

本任务介绍了光纤通信系统、光传输的设备及技术，通过本任务的学习，李雷了解了光通信的基础内容。

5.2 任务二 设备的构成及功能

知识目标:了解 SDH 网、DWDM 网的网络类型及工作方式
能力目标:了解 SDH 网、DWDM 网的基本网络单元、接口类型及连接
素质目标:掌握 SDH 网、DWDM 网的工作方式及在传送网中的位置
教学重点:SDH 网络单元的连接和网络分层、DWDM 网的工作方式及主要网元功能
教学难点:SDH 网、DWDM 网的网元及功能

5.2.1 任务描述

对光通信初步了解后,李雷想对更多类型的光通信网络的工作原理进行了解,老师建议他对 SDH 网、DWDM 网相关内容进行学习。

5.2.2 SDH 的基本网络单元

SDH 传输网是由一些基本的 SDH 网络单元(NE)和网络节点接口(NNI)组成,通过光纤线路或微波设备等连接,进行同步信息接收/传送、复用、分插和交叉连接的网络。它具有全世界统一的网络节点接口,从而简化了信号的互通以及信号的传输、复用、交叉连接和交换的过程;有一套标准化的信息结构等级,被称为同步传送模块 STM-N($N=1,4,16,64,\cdots$),并具有一种块状帧结构,允许安排丰富的开销比特(即网络节点接口比特流中扣除净负荷后的剩余字节)用于网络的 OAM。

构成 SDH 系统的基本网元主要有同步光缆线路系统、终端复用器(TM)、分插复用器(ADM)、再生中继器(REG)和同步数字交叉连接设备(SDXC)。其中 TM、ADM、REG、SDXC 的主要功能如图 5.4 所示。

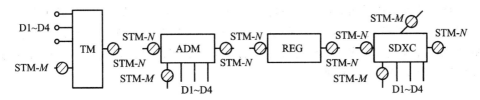

D1~D4:准同步支路信号　　　　STM-N/M:同步传送模块

图 5.4　SDH 网络单元功能示意图

1.终端复用器(TM)

TM 是 SDH 基本网络单元中最重要的网络单元之一,它的主要功能是将若干个 PDH 低速率支路信号复用成 STM-1 帧结构电(或光)信号输出,或将若干个 STM-n 信号

复用成 STM-N(n<N)光信号输出,并完成解复用的过程。例如,在 STM-1 终端复用器发送端:可将 63 个 2Mbit/s 信号复用成一个 STM-1 信号输出,而在 STM-1 终端复用器接收端:可将一个 STM-1 信号解复用为 63 个 2Mbit/s 信号输出。

2. 分插复用器(ADM)

ADM 是 SDH 传输系统中最具特色、应用最广泛的基本网络单元。ADM 将同步复用和数字交叉连接功能集于一体,能够灵活地分插任意群路、支路和系统各时隙的信号,使得网络设计有很大的灵活性。ADM 除了能完成与 TM 一样的信号复用和解复用功能外,它还能利用其内部时隙交换实现带宽管理,允许两个 STM-N 信号之间的不同 VC 实现互连,且能在无须解复用和完全终接的情况下接入多种 STM-n 和 PDH 支路信号。更重要的是在 SDH 保护环网结构中,ADM 是系统中必不可少的网元节点,利用它的时隙保护功能,可以使得电路的安全可靠性大为提高,在 1200kM 的 SDH 保护环中,任意一个数字段由光缆或中继系统造成的电路损伤延误时间不会大于 50ms。

3. 再生中继器(REG)

再生中继器的功能是将经过光纤长距离传输后,受到较大衰减和色散畸变的光脉冲信号,转换成电信号后,进行放大、整形、再定时、再生成为规范的电脉冲信号,经过调制光源转换成光脉冲信号,送入光纤继续传输,以延长通信距离。

4. 同步数字交叉连接设备(SDXC)

SDXC 是 SDH 网的重要网元,是进行传送网有效管理、实现可靠的网络保护/恢复,以及自动化配线和监控的重要手段。其主要功能是实现 SDH 设备内支路间、群路间、支路与群路间、群路与群路间的交叉连接,还兼有复用、解复用、配线、光电互转、保护恢复、监控和电路资料管理等多种功能。实际的 SDH 保护环网系统中,常常把数字交叉连接的功能内置在 ADM 中。

SDXC 具有数字交叉连接功能,其核心部分是具有强大交叉能力的交叉矩阵。除此之外,SDXC 设备与其附属的接口设备也可以单独组网,将各条没有构成 SDH 保护环的链状电路接入 SDXC 网,建成一个 SDXC 独立保护网,利用接入的一部分冗余电路,经过 SDXC 网络的自动运算,找出最合适最经济的路由,使得接入的重要业务,能够得到与在 SDH 保护环网中受到的一样的保护。

5.2.3 SDH 网络节点接口

所谓网络节点接口(NNI)表示网络节点之间的接口。规范一个统一的 NNI 标准的基本出发点在于,使 NNI 不受限于特定的传输媒质,不受限于网络节点所提供的功能,同时也不受限于局间通信或局内通信的应用场合。SDH 网络节点接口正是基于这一出发点而建立起来的,它不仅可以使北美、日本和欧洲 3 个国家和地区的 PDH 序列在 SDH 网中实现统一,而且在建设 SDH 网和开发应用新设备产品时可使网络节点设备功能模块化、系列化,并能根据电信网络中心规模大小和功能要求灵活地进行网络配置,从而使

SDH 网络结构更加简单、高效和灵活,并在将来需要扩展时具有很强的适应能力。图 5.5 为网络节点接口在 SDH 网络中位置的示意图。

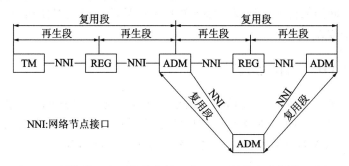

图 5.5　网络单元和网络节点接口在 SDH 网络中位置的示意图

5.2.4　基本网络单元的连接

1.网络拓扑结构

网络主要有以下几种基本的拓扑结构:

(1)线形:把涉及通信的每个节点串联起来,而首尾节点开放,通常也称链形网络结构。

(2)星形:涉及通信的所有节点中有一个特殊的点与其余的所有节点直接相连,而其余节点之间互不相连,该特殊点具有连接和路由调度功能。

(3)环形:把涉及通信的所有节点串联起来,而且首尾相连,没有任何节点开放。

(4)树形:把点到点拓扑单元的末端点连接到几个特殊点,这样即构成树形拓扑,它可以看成是线性拓扑和星形拓扑的结合。这种结构存在瓶颈问题,因此不适合提供双向通信业务。

(5)网孔形:把涉及通信的许多点直接互连,即构成网孔形拓扑。如果将所有节点都直接互连,则构成理想的网孔形。在网孔形拓扑结构中,由于各节点之间具有高度的互连性,有多条路由可供选择,可靠性极高,但结构复杂,成本高。在 SDH 网中,网孔结构中各节点主要采用 DXC,一般用于业务量很大的一级长途干线。

2.网络组网实例及网络分层

图 5.5 给出了网络单元组网的一个实例。按照 SDH 网络分层的概念,图中标出了实际系统中的再生段、复用段和数字段。

(1)再生段:再生中继器(REG)与终端复用器(TM)之间、再生中继器与分插复用器(ADM)之间或再生中继器与再生中继器之间,这部分段落称为再生段。再生段两端的 REG、TM 和 ADM 称为再生段终端(RST)。

(2)复用段:终端复用器与分插复用器之间以及分插复用器与分插复用器之间称为复用段。复用段两端的 TM 及 ADM 称为复用段终端(MST)。

(3)数字段:两个相邻数字配线架(或其等效设备)之间用于传送一种规定速率的数字

信号的全部装置构成一个数字段。

这里还涉及另一个概念,即数字通道。与交换机或终端设备相连的两个数字配线架(或其等效设备)间用来传送一种规定速率的数字信号的全部装置便构成一个数字通道,它通常包含一个或多个数字段。

5.2.5　DWDM 工作方式

随着科学技术的迅猛发展,通信领域的信息传送量爆炸式膨胀。信息时代要求越来越大容量的传输网络,当承载长途传输使用的光纤出现了所谓"光纤耗尽"现象时,便产生了 DWDM 系统。DWDM 系统根据不同的分类方式有不同的分类。

1.按传输方向的不同可分为双纤单向传输系统、单纤双向传输系统

(1)双纤单向传输系统

在双纤单向传输系统中,单向 DWDM 是指所有光通道同时在一根光纤上沿同一方向传送,在发送端将载有各种信息的具有不同波长的已调光信号 X1,X2,…,Xn 通过光合波器耦合在一起,并在一根光纤中单向传输,由于各信号是通过不同的光波长携带的,因此彼此之间不会混淆。在接收端通过光分波器将不同光波长信号分开,完成多路光信号传输的任务。反向光信号的传输由另一根光纤来完成,同一波长在两个方向上可以重复利用。这种 DWDM 系统在长途传输网中应用十分灵活,可根据实际业务量需要逐步增加波长数量来实现扩容。

(2)单纤双向传输系统

单纤双向 DWDM 是指光通路在同一根光纤上同时向两个方向传输,所用波长相互分开,以实现彼此双方全双向有通信网络。与单向传输相比通常可节约一半光纤器件。另外,由于两个方向传输的信号不交互产生四波混频(FWM),因此其总的 FWM 产物比双纤单向传输少得多。但其缺点是,该系统需要采用特殊的措施来解决光反射的问题,且当需要进行光信号放大时,必须采用双向光纤放大器。

2.从系统的兼容性方面考虑可分为集成式系统、开放式系统

(1)集成式 DWDM 系统

集成式系统是指被承载的 SDH 业务终端必须具有标准的光波长和满足长距离传输的光源,只有满足这些要求的 SDH 业务才能在 DWDM 系统上传送。因此集成式 DWDM 系统各通道的传输信号的兼容性差,系统扩容时也比较麻烦,因此实际工程较少采用。

(2)开放式 DWDM 系统

对于开放式波分复用系统来说,在发送端和接收端设有光波长转换器(OTU),它的作用是在不改变光信号数据格式的情况下(如 SDH 帧结构),把光波长按照一定的要求重新转换,以满足 DWDM 系统的波长要求。现在 DWDM 系统绝大多数采用的是开放式系统。这里所谓的"开放式"是指在同一个 DWDM 系统中,可以承载不同厂商的 SDH 系统,OTU 对输入端的信号波长没有特殊的要求,可以兼容任意厂家的 SDH 信号,而

OTU 输出端提供满足标准的光波长和长距离传输的光接口。

5.2.6　DWDM 系统主要网元及其功能

DWDM 系统在发送端采用合波器(OMU),将窄谱光信号的不同波长的光载波信号合并起来,送入一根光纤进行传输;在接收端利用一个分波器(ODU),将这些不同波长承载不同信号的光波分开。各波信号传输过程中相互独立。DWDM 系统可双纤双向传输,也可单纤双向传输。单纤双向传输时,只要将两个方向的信号安排在不同的波道上传输即可。波分复用系统的合(分)波器不同,可传输的最大波道数也不同,目前商用的 DWDM 系统波道数可达 160 波,若传输 10Gbit/s 的光载波信号,整个系统总容量就有 1.6Tbit/s。DWDM 系统主要网络单元有:光合波器(OMU)、光分波器(ODU)、光波长转换器(OTU)、光纤放大器(OA)、光分插复用器(OADM)、光交叉连接器(OXC)。各网元主要功能如下:

1. 光合波器(OMU)

光合波器在高速大容量波分复用系统中起着关键作用,其性能的优劣对系统的传输质量有决定性影响。其功能是将不同波长的光信号耦合在一起,传送到一根光纤里进行传输。这就要求合波器插入损耗及其偏差要小,信道间串扰小,偏振相关性低。合波器主要类型有介质薄膜干涉型、布拉格光栅型、星形耦合器型、光照射光栅型和阵列波导光栅型(AWG)等。

2. 光分波器(ODU)

光分波器在系统中所处的位置与光合波器相反,光合波器在系统的发送端,而光分波器在系统的接收端,所起的作用是将耦合在一起的光载波信号按波长分开,并分别发送到相应的低端设备。对其要求和其主要类型与光合波器类同。

3. 光波长转换器(OTU)

光波长转换器根据其所在 DWDM 系统中的位置,可分为发送端 OTU、中继器使用 OTU 和接收端 OTU。发送端 OTU 的主要作用是将终端通道设备送过来的宽谱光信号,转换为满足 WDM 要求的窄谱光信号,因此其不同波道 OTU 的型号不同。中继器使用 OTU 主要作为再生中继器用,除执行光/电/光转换、实现 3R 功能外,还有对某些再生段开销字节进行监视的功能,如再生段误码监测 B1。接收端 OUT 的主要作用是将光分波器送过来的光信号转换为宽谱的通用光信号,以便实现与其他设备互连互通。因此一般情况下,接收端不同波道的 OTU 是可以互换的(收发合一型的不可互换)。

根据波长转换过程中信号是否经过光/电域的变换,又可将光波长转换器分为两大类:光-电-光波长转换器和全光波长转换器。

4. 光纤放大器(OA)

光纤放大器是一种不需要经过光/电/光转换而直接对光信号进行放大的有源器件。

它能高效补偿光功率在光纤传输中的损耗,延长通信系统的传输距离,扩大用户分配网覆盖范围。

光纤放大器在 WDM 系统中的应用主要有三种形式。在发送端光纤放大器可以用在光发送端机的后面作为系统的功率放大器(BA),用于提高系统的发送光功率。在接收端光纤放大器可以用在光接收端机的前面作为系统的预放大器(PA),用于提高信号的接收灵敏度。光纤放大器作为线路放大器时可用在无源光纤段之间以抵消光纤的损耗、延长中继长度,称之为光线路放大器(LA)。

5.光分插复用器(OADM)

光分插复用器的功能类似于 SDH 系统中的 ADM 设备,它将需要上下业务的波道采用分插复用技术发送至附属的 OTU 设备,直通的波道不需要过多的附属 OTU 设备,便于节省工程投资和网络资源的维护管理。工程中的主要技术难题是通道串扰和插入损耗。

6.光交叉连接器(OXC)

光交叉连接器是实现全光网络的核心器件,其功能类似于 SDH 系统中的 SDXC,差别在于 OXC 是在光域上实现信号的交叉连接功能,它可以把输入端任一光纤(或其各波长信号)可控地连接到输出端的任一光纤(或其各波长信号)中去。通过使用光交叉连接器,可以有效地解决部分 DXC 的电子瓶颈问题。

5.2.7　DWDM 设备在传送网中的位置

同 SDH 设备一样,DWDM 设备也是构成传送网的一部分,就目前的技术和应用状况来看,在传送网中 SDH 和 DWDM 之间是客户层与服务层的关系。相对于 DWDM 技术而言,SDH、ATM 和 IP 信号都只是 DWDM 系统所承载的业务信号;而从层次上看,DWDM 系统更接近于物理媒质层——光纤,并在 SDH 通道层下构成光通道层网络。

从 WDM 系统目前的发展方向来看,由于 WDM 波长存在可管理性差、不能实现高效和灵活的组网等缺陷,它逐渐向 OTN 和 ASON 转变和升级。相应地,传送网在拓扑结构上分为光、电两个层面,而 WDM 只是光网络层的核心网元。

5.2.8　任务小结

本任务介绍了 SDH 网、DWDM 网相关内容及系统特性。通过学习,李雷对 SDH 网及 DWDM 网络的系统集成及开放都有了了解。

5.3　任务三　分组传送网(PTN)的特点及应用

知识目标:了解 PTN 的概念、特点、结构及关键技术

能力目标：了解 PTN 的功能平面、关键技术

素质目标：掌握 PTN 的技术特点、分层结构、功能平面

教学重点：PTN 的分层结构、关键技术

教学难点：PTN 关键技术的理解

5.3.1　任务描述

学习了 SDH 网及 DWDM 网的相关知识后，李雷对更有传输优势的 PTN 产生了兴趣，老师建议他学习 PTN 的结构与关键技术。

分组传送网（Packet Transport Network，PTN），目前还没有一个标准的定义。从广义的角度讲，只要是基于分组交换技术，并能够满足传送网对于运行维护管理（OAM）、保护和网管等方面的要求，就可以称为 PTN。分组传送网是保持了传统技术的优点，具有良好的可扩展性、丰富的操作维护、快速的保护倒换，同时又具有适应分组业务统计复用的特性，采用面向连接的标签交换，分组的 QoS 机制以及灵活动态的控制的新一代传送网技术。前期，通信业界一般理解的 PTN 技术主要包括 T-MPLS 和 PBB-TE。近期，由于 PBB-TE 技术仅支持点到点和点到多点的面向连接传送和线性保护，不支持面向连接的多点到多点之间业务和环网保护，采用 PBB-TE 技术的厂商和运营商越来越少，中国已经基本上将 PTN 和 T-MPLS/MPLS-TP 画上了等号。

5.3.2　PTN 的技术特点

PTN 是面向分组的、支持传送平台基础特性的下一代传送平台，其最重要的两个特性是分组和传送。PTN 以 IP 为内核，通过以太网为外部表现形式的业务层和 WDM 等光传输媒质设置一个层面，为用户提供以太网帧、MPLS（IP），ATMVP 和 VC、PDH，FR 等符合 IP 流量特征的各类业务。它不仅保留了传统 SDH 传送网的一些基本特征，同时也引入了分组业务的基本特征，主要特点如下：

①可扩展性：通过分层和分域提供了良好的网络可扩展性；

②高性能 OAM 机制：具有快速的故障定位、故障管理和性能管理等强大的 OAM 能力；

③可靠性：具有可靠的网络生存能力，支持多种类型网络快速的保护倒换；

④灵活的网络管理：不仅可以利用网管系统配置业务，还可以通过智能控制面灵活地提供业务；

⑤统计复用：具有满足分组业务突发性要求的高效统计复用功能；

⑥完善的 QoS 机制：提供面向分组业务的 QoS 机制，同时利用面向连接的网络提供可靠的 QoS 保障；

⑦多业务承载：支持运营级以太网业务，通过电路仿真机制提供 TDM、ATM 等传统业务；

⑧高精度的同步定时：通过分组网络的同步技术提供频率同步和时间同步功能。

5.3.3 PTN 的分层结构

PTN 网络结构分为通道层、通路层和传输媒介层三层结构,网络分层结构如图 5.6 所示,该结构通过 GFP 架构在 OTN、SDH、和 PDH 等物理媒质上。三个子层各自具有不同的功能,分述如下:

①分组传送通道层:该层封装客户信号进入虚通道(VC),并传送 VC,提供客户信号点到点、点到多点和多点到多点的传送网络业务,包括端到端 OAM、端到端性能监控和端到端的保护。在 T-MPLS 协议中该层被称作 TMC 层。

②分组传送通路层:该层封装和复用虚电路及虚通道进入虚通路(VP),并传送和交换 VP,实现多个虚电路业务的汇聚和扩展(分域、保护、恢复、OAM 等),同时通过配置点到点和点到多点虚通路(VP)链路来支持 VC 层网络。在 T-MPLS 协议中该层被称作 TMP 层。

③传送网络传输媒介层:包括分组传送段层(PTS)和物理媒介。段层提供了虚拟段信号的 OAM 功能。在 T-MPLS 协议中该层被称作 TMS 层。

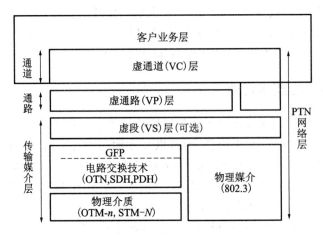

图 5.6 PTN 分层结构

5.3.4 PTN 的功能平面

PTN 的功能平面分为传送平面、管理平面和控制平面三层。具体功能分述如下:

①传送平面:提供点到点(包括点到多点和多点到多点)双向或单向的用户信息传送功能,也同时提供控制和网络管理信息的传送功能,并提供信息传送过程中的 OAM 和保护恢复功能,即传送平面提供分组信号的传输、复用、配置保护倒换和交叉连接等功能,并确保所传信号的可靠性。

②管理平面:采用图形化网管进行业务配置和性能告警管理,业务配置和性能告警管理的使用方法同 SDH 网管使用方法类似。管理平面提供传送平面、控制平面以及整个系统的管理功能,同时提供这些平面之间的协同操作功能。管理平面提供的功能包括:性能管理、故障管理、配置管理、计费管理和安全管理。

③控制平面:PTN 控制平面由具有路由和信令等特定功能的一组控制单元组成,并由一个信令网络支撑。控制平面单元之间的互操作性和单元之间通信需要的信息流可通过接口获得。控制平面的主要功能包括:通过信令实现端到端连接的建立、拆除和维护,通过选路为连接选择合适的路由;网络发生故障时,实现保护和恢复;自动发现邻接关系和链路信息,发布链路状态(如可用容量和故障等)信息以实现连接的建立、拆除和恢复。

5.3.5　PTN 的关键技术

PTN 独有的统一、开放结构,可以帮助运营商的网络从电路向分组传送演进,具体体现在以下几个关键技术。

1.通用分组交叉技术

为适应融合业务的新需求,PTN 引入一项名为"通用交换"的新技术。通用交换结构用到了一种被称为"量子交换"的理论,在此交换结构中,业务流被分割成"信息量子"(一种比特块),借助成熟的专用集成电路技术并基于特定网络的实现技术,信息量子可以从一个源实体交换到另一个或多个目的实体。该技术能够使传送设备实现各种类型的交换,从真正的交叉连接到各种 QoS 级别的统计复用,从尽力而为到可保证的服务。它彻底解决了传统 MSTP 设备数据吞吐量不足、纯以太网交换设备不能有效地传送高 QoS 业务的问题。

PTN 通过统一的传送平台来简化网络,通用的交换平台将业务处理和业务交换相互分离,将与技术相关的各种业务处理功能放置在不同的线卡上,而将与技术无关的业务交换功能置于交换板卡上。采用通用交换板的概念,运营商可以根据不同的业务需求灵活配置不同业务的容量(如仅通过更换不同的线卡就可以实现)。"全业务交换传送平台"能够满足所有传送需求,融合了数据、电路和光层传送功能,符合网络转型的趋势。

2.可扩展型技术

分组传送网通过分层和分域来实现可扩展性。

通过分层实现不同层次信号的灵活交换和传送,同时可以架构在不同的传送技术上(比如 SDH、OTN 或以太网)。这种分层的模型摒弃了传统面向传输的网络概念,适于以业务为中心的网络概念。分层模型不仅使分组传送网成为独立于业务和应用的、灵活可靠的、低成本的传送平台,可以满足各式各样的业务和应用需求,而且有利于传送网本身逐渐演进为盈利的业务网。

网络分层后,每一层网络依然比较复杂,地理上可以覆盖很大范围,在分层的基础上,从地域上 PTN 可以划分为若干个分离部分,即分域。一个世界范围的分组传送网络可以分成多个小的子网,整个网络还可以按照运营商来分域,大的域又可以有多个小的子域。

3. 运营管理和维护技术

PTN 建立面向分组的多层管道,将面向无连接的数据网改造成面向连接的网络。该管道可以通过网络管理系统或智能的控制面建立,该分组的传送通道具有良好的操作维护性和强大的保护恢复能力。

PTN 定义特殊的 OAM 帧来实现 OAM 功能,这些功能包括与故障相关、与性能相关和保护方面相关的功能。故障相关方面提供基于硬件处理的 OAM 功能、性能和告警管理,提供类似 SDH 的告警实现机制(如 LOS、AIS、RDI、Eth-SD 等);性能相关方面提供传送层面端到端的性能监视,监视流、VLAN、端口等的帧丢失率、帧时延、帧时延抖动等性能;保护方面相关的功能是 50ms 的保护倒换时间,端到端的通道保护以及群路线路保护和节点保护。

4. 多种业务承载和接入

PTN 最内层的电路层所承载的业务包括 ATM、FR、IP/MPLS、Ethernet 和 TDM,外层的通道层可以提供伪线和隧道等传送管道类业务。PTN 独立或与 IP 网络相互配合均可以组成端到端的多业务伪线,使 PTN 具有各种业务接入能力。PTN 使用 PWE3 提供 TDM、ATM/IMA、ETH 的统一承载,可以实现对运营商前期已建网络投资的保护和网络运营成本的节约。

PTN 具有内嵌电缆、光纤和微波等各种接入技术,可以灵活地实现快速部署,有很强的环境适应能力。电缆接口包括 TDME1、IMAE1、xDSL,FE 和 GE 等;光纤接口包括 FE、GE、10GE 和 STM-n 等;微波接口包括 Packet Microwave。

5. 网络级生存性技术

PTN 利用传送平面的 OAM 机制,为选定的工作实体预留了保护路由和带宽,不需要控制平面的参与就可以提供小于 50ms 的保护,主要包括线性保护和环网保护。

线性保护倒换包括 1+1、1:1 和 1:N 方式,支持单向、双向、返回和非返回倒换模式。环网保护支持的转向和环回机制,类似于 SDH 复用段共享保护环,在环上建立保护和工作路径。

6. QoS 保证技术

PTN 采用差分服务机制实现业务区别对待,将用户的数据流按照 QoS 要求来划分等级,任何用户的数据流都可以自由进入网络,当网络出现拥塞时,级别高的数据流在排队和占用资源时比级别低的数据流有更高的优先权。传统的差异服务 QoS 策略是在网络的每个节点都根据业务 QoS 信息进行调度处理,由于缺乏资源预留,因此在超出带宽要求时就丢弃报文;而 PTN 是针对整个网络来进行的,采用端到端的 QoS 策略,在网络中根据业务流预先分配合理带宽,在网络的转发节点上根据隧道优先级进行调度处理,实现端到端的 QoS。

7.频率和时间同步技术

目前,PTN系统普遍采用的时钟同步方案,有基于物理层的同步以太网技术、基于分组包的TOP技术和IEEE1588v2精确时间协议技术三种方案。前两种技术都只能支持频率信号的传送,不支持时间信号的传送;IEEE1588v2技术采用主从时钟方案,对时间进行编码传送,时钟的产生由靠近物理层的协议层完成,利用网络链路的对称性和时延测量技术,实现主从时钟的频率、相位和时间的同步。利用这些技术,PTN可以实现高质量的网络同步,以解决3G基站回传中的时间同步问题,利用PTN提供的地面链路传送高精度时间信息,可以大大降低基站对卫星的依赖程度,减少用于同步系统的天馈系统建设投资。

5.3.6　任务小结

本任务讲解了PTN网络分层结构、特点及关键技术。通过本任务的学习,李雷掌握了PTN的基本知识。

学习项目六　微波和卫星传输系统

6.1　任务一　SDH数字微波系统构成

知识目标：了解SDH数字微波的概念、微波通信系统组成、微波站基本组成
能力目标：了解微波频段、SDH数字微波站的组成；了解数字微波站构成所需的设备
素质目标：掌握微波站组成及所需要的设备
教学重点：SDH数字微波通信系统的组成及建站所需的设备
教学难点：微波通信系统的终端站、分路站、枢纽站、中继站的设备配比量

6.1.1　任务描述

李雷想对微波的相关知识进行学习，老师建议他学习SDH数字微波的相关知识。

6.1.2　微波通信的基本概念

微波通信（Microwave Communication），是使用波长在 1mm～1m（或频率在 300MHz～300GHz）之间的电磁波——微波进行空间传输的一种通信方式。目前微波通信所用的频段主要有 L 波段（1.0～2.0GHz）、S 波段（2.0～4.0GHz）、C 波段（4.0～8.0GHz）、X 波段（8.0～12.4GHz）、Ku 波段（12.4～18GHz）以及 K 波段（18～26.5GHz）。

由于微波的频率极高，波长又很短，因此只能在大气对流层中像光波一样做直线传播，即所谓的视距传播，其绕射能力弱，传播中遇到不均匀的介质时，将产生折射或反射现象。

一般来说，由于地球曲面的影响以及空间传输的损耗，每隔 50km 左右，就需要设置中继站，将电波放大转发而延伸。这种通信方式，也称为微波中继通信。长距离微波通信干线可以经过几十次中继而传至数千千米，仍可保持很高的通信质量。

6.1.3　SDH数字微波中继通信系统的组成

一条 SDH 数字微波通信系统由终端站、分路站、枢纽站及中继站组成。一条 SDH 数字微波通信系统的波道配置一般由一个或一个以上的主用波道和一个备用波道组成，简称 $N+1$。

①终端站处于微波传输链路两端或分支传输链路终点。终端站的基本任务是：在发

信时,将复用设备送来的基带信号,通过调制器变为中频信号送往发信机进行上变频,使之成为微波信号,然后再通过天线发射给对方站;在收信时,将由天线接收到的对方站微波信号送往微波接收机进行下变频,转换为中频信号后传给解调器,使其还原为基带信号并送到复用设备。这种站可上、下全部话路,具有波道倒换功能,可作为数字微波网管的中心站或次中心站。

②分路站处在微波传输链路中间。分路站的任务是:接收或发送该站相邻两个站的微波信号,通过微波收、发信机进行下变频或上变频,经调制解调器送往复用设备。复用设备将两个方向送来的信号一部分分出或插入话路,而另一部分进行交叉连接转发。总之,分路站既要完成信号转发任务,又要分出或插入一部分话路功能。分路站可以上、下话路,具有波道倒换功能,可以作为数字微波网管的中心站,也可用作受控站。

③枢纽站是指位于微波传输链路中部,具有两个以上方向数字微波电路汇接点,可上、下话路,具有波道倒换功能的微波站点,可作为数字微波网管中心站或次中心站。

④中继站处在微波传输链路中部。中继站的任务是:对收到的已调信号解调、判决、再生,转发至下一方向的调制器。它可以消除微波信号在传输中引入的噪声、干扰和失真,这体现出数字通信的优越性。中继站可分为基带转接站、中频转接站、射频有源转接站和射频无源转接站。这种站不上、下话路,不具备波道倒换功能,具有站间公务联络的功能和无人值守的特点。

6.1.4　数字微波站的基本组成

一个完整的微波站由天馈线及分路系统、收发信机设备、调制解调设备、复用设备、基础电源等组成。

1.天馈线及分路系统

一般情况下,在微波站内采用收发共用天线和多波道共用天线,这就要求微波天馈线系统除了含有用来接收或发射微波信号的天线及传输微波信号的馈线外,还必须有极化分离器、波道的分路系统等。常用的天线类型为卡塞格林天线,天线和分路系统之间的连接部分称为馈线系统。

(1)微波天线的基本参数为天线增益、半功率角、极化去耦、驻波比。由于微波天线大部分采用抛物面式天线,因此天线还应具有一定的抗风强度和抵抗冰雪的能力。

(2)馈线有同轴电缆型和波导型两种形式。在分米波段(2GHz),一般采用同轴电缆馈线;在厘米波段(4GHz以上频段),因同轴电缆损耗较大,故采用波导馈线。波导馈线系统又分为圆波导馈线系统、椭圆软波导馈线系统和矩形波导馈线系统。馈线系统中还配有密封节、杂波滤除器、极化补偿器、极化旋转器、阻抗变换器、极化分离器等波导器件。

(3)收、发信道分路系统在馈线和收信机射频输入及发信机射频输出接口之间,其作用是将不同波道的信号分开。分路系统由环形器、分路滤波器、终端负荷及连接用波导节、波道同轴转换等组成。

2.收发信机设备

收发信机设备是数字微波通信设备的重要组成部分。其中发信机是将已调中频信号变为微波信号,并以一定的功率送往天馈线系统,它一般由功率放大器、上变频器、发信本振等主要单元组成,其主要指标有输出功率、频率稳定度、自动发信功率控制(ATPC)范围。收信机的主要功能是将接收到的微波信号经过低噪声放大、混频、中放、滤波和均衡后变为符合性能标准的中频信号,其主要指标有本振频率稳定度、噪声系数、收信机最大增益、自动增益控制(AGC)范围。

3.调制解调设备

在 SDH 数字微波通信系统中,常用脉冲形式的基带序列对中频 70MHz 或 140MHz 的信号进行调制,然后再变换为微波信号进行传输,多采用多进制编码的 64QAM、128QAM、256QAM 和 512QAM 的调制方式。

4.复用设备

复用设备完成不同接口速率数据流的复用和交叉连接,然后通过传输线送至中频调制解调器(IF Modem),通过调制解调器再到微波收发信机。

5.基础电源

基础电源为浮充制式蓄电池直流供电,标称电压为 48V,正极接地。蓄电池应是密封防爆式的。当蓄电池开始放电时,会发出远端告警信号。

柴油发电机组和开关电源具备自动启动和倒换性能,并具有远端遥测、遥信和遥控功能。

6.1.5　任务小结

本章介绍了微波的相关设备,通过学习,李雷了解到微波的概念、微波站所需要的设备及工作方式。

6.2　任务二　微波信号的衰落及克服方法

知识目标:了解电磁波衰落的分类及对微波传输的影响

能力目标:了解影响电磁波的要素、克服电磁波衰落的方法

素质目标:掌握影响电磁波的要素及克服电磁波衰落的方法

教学重点:电磁波衰落的类型及所用的改善方法

教学难点:电磁波衰落的类型及应对方法

6.2.1　任务描述

通过对微波基础知识的学习,李雷想了解为什么微波通信会受影响,老师建议他学习微波信号的衰落及克服的方法。

6.2.2　电磁波衰落的分类

在微波通信过程中,电磁波经常会受到大气中对流、平流、湍流以及雨雾等现象的影响。大气中的对流、平流、湍流和雨雾等现象,都是由对流层中一些特殊的大气环境造成的,并且是随机产生的。同时,地面反射也会对电磁波传播产生影响,以上这些会使得发信端到收信端之间的电磁波被散射、折射、吸收或被地面反射。在同一瞬间,可能只有一种现象发生,也可能几种现象同时发生,其发生次数和影响程度都带有随机性。这些影响就使得收信电平随时间而变化。这种收信电平随时间起伏变化的现象,叫作电磁波传播的衰落现象。

衰落的主要原因是上述大气与地面效应,从衰落发生的物理原因来看,可分为以下几类:

1.大气吸收衰落

众所周知,任何物质的分子都是由带电的粒子组成,这些粒子都有固有的电磁谐振频率,当通过这些物质的微波频率接近他们的谐振频率时,这些物质对微波就产生共振吸收。大气中的氧分子具有磁偶极子,他们都能从电磁波中吸收能量,使微波信号产生衰落。

一般来说,水蒸气最大吸收峰值在波长为 13mm 处,氧分子的最大吸收峰值在波长为 5mm 处,对于频率较低、电磁波站距在 50km 以上的电磁波,大气的衰耗和自由空间衰耗相比较可以忽略不计。

2.雨雾引起的散射衰落

由于雨雾中的大小水滴会使电磁波产生散射,造成电磁波能量损失,因而电磁波会产生散射衰落。衰落程度主要与电磁波的频率和降雨强度有关:频率越高及降雨量越大,衰落就越大。一般来说,频率在 10GHz 以下,雨雾造成的衰落不太严重,通常 50km 站距的衰耗只有几个分贝,10GHz 以上频段,中继站之间的距离主要受到降雨衰耗的限制。

3.闪烁衰落

对流层中的大气常常发生体积大小不等、无规则的涡旋运动,称之为大气湍流。大气湍流形成一些不均匀的小块或层状物使电解常数 e 与周围不同,并能使电磁波向周围辐射,这就是对流层散射。在接收端天线可收到各种散射波,它们具有任意振幅和随机相位,可使收信点场强发生衰落,这种衰落属于快衰落。其特点是持续时间短,电平变化小,一般不足以造成通信中断。

4. K 型衰落

K 型衰落又叫多径衰落。这是直射波与地面反射波(或在某种情况下的绕射波)到达收信端时,因相位不同发生相互干涉而造成的微波衰落。其相位干涉的程度与行程差有关,而在对流气层中,行程差又随大气折射率的 K(大气折射的重要参数)因子而变化,因此称为 K 型衰落。微波线路经过海面、湖泊或平滑地面时这种衰落显得特别严重,甚至会造成通信中断。因地面影响而产生的反射衰落以及因大气折射而产生的绕射衰落,当其衰落深度随时间变化时均属于 K 型衰落。

5.波导型衰落

种种气象条件的影响,如夜间地面的冷却、早晨地面被太阳晒热以及平静的海面和高气压地区都会使大气层中形成不均匀结构,会在大气层中出现 K<0 的情况,当电磁波通过对流层中这些不均匀大气层时将产生超折射现象,这种现象称为大气波导。只要微波射线通过大气波导,而收、发信天线在波导层下面,则接收点除了收到直射波和地面反射波外,还可能收到波导层边界的反射波,产生严重的干涉型衰落。这种衰落发生时,往往会造成通信中断。

6.2.3 电磁波衰落对微波传输的影响

电磁波衰落对微波传输的影响主要表现在接收端收信电平出现随机性的波动,这种波动有如下两种情况:

①在信号的有用频带内,信号电平各频率分量的衰落深度相同,这种衰落被称为平衰落,发生平衰落时,若收信电平低于收信机门限,会造成通信质量严重降低甚至中断。

②信号电平各频率分量的衰落深度不同,这种衰落称为频率选择型衰落,产生这种衰落时,接收的信号电平不一定小,但其中一些频率分量幅度过小,使信号波形失真。大容量数字微波对这种衰落很敏感,由波形失真形成码间串扰,使误码率提高,严重时还会造成通信中断。

6.2.4 克服电磁波衰落的一般方法

①利用地形地物削弱反射波的影响。我们可以选择适当的地形或其他附加物来阻挡反射波进入接收端,从而减小反射波的影响。

②将反射点设在反射系数较小的地面。适当地选取天线的高度,常常可以将反射点移动到反射系数较小的区域。例如反射点从水面移至森林或凹凸不平的地面,以减小反射系数,从而减少进入接收端的反射波。

③利用天线的方向性。有时收发天线均很高,而反射点又处于途径中间的开阔地或水面上,这种情况很难用上面两种方法来减小反射波的影响,可以调整其天线角度,减少反射波进入接收端的成分,用损失部分接收电平的方法来减小衰落及反射的影响。

④用无源反射板克服绕射衰落。当路由中存在较高障碍物时,为了克服电波在大气

中折射时产生绕射衰落的问题,可以改变天线方向。使用无源反射板或背对背天线可使电波绕过障碍物。

⑤分集接收。采用不同的接收方法接收同一信号,以便在接收端使衰落影响减小。一般常用的分集接收方法有两种:频率分集和空间分集。以往采用的波道备用的方法就是频率分集接收。目前采用最多的是空间分集。利用不同高度的两副或多副天线,接收同一频率的信号,以达到克服衰落的目的。此时,到达不同高度天线上的反射波行程差不同,因此当某副天线发生衰落时,另一副天线不一定同时产生衰落。采用适当的信号合成方法可以克服衰落。

分集接收并不能解决所有的衰落问题,如对雨雾吸收型衰落等只有通过增大发射功率,缩短站距,适当改变天线设计才能克服。高性能的微波信道还要把空间分集和自适应均衡技术配合使用,以便最大限度地缩短中断时间。实践表明,多种措施同时采用可以达到最佳的抗多径衰落效果。

6.2.5　任务小结

本任务介绍了电磁波衰落及影响因素,并讲解了克服方法。通过本任务的学习,李雷对电磁波的衰落及克服方法有了一定的了解。

6.3　任务三　卫星通信网络结构及工作特点

知识目标:了解卫星通信、VSAT 通信网的基本内容
能力目标:了解卫星通信组成、分类方法、特点、结构及工作过程
素质目标:掌握卫星通信、VSAT 通信网结构及工作过程
教学重点:卫星通信、VSAT 通信网的各种站点的组成
教学难点:卫星通信、VSAT 通信网的结构、特点及站点的设备配置

6.3.1　任务描述

卫星通信是通信卫星的中继站,李雷想了解更多卫星通信相关知识,老师建议他学习卫星通信、VSAT 通信网的结构和各种卫星站的特点。

6.3.2　卫星通信系统

卫星通信系统是将通信卫星作为空中中继站,将地球上某一地面站发射来的无线电信号转发到另一个地面站,从而实现两个或多个地域之间的通信。卫星通信系统由通信卫星、地球站、跟踪遥测指令系统和监控管理系统四部分组成。卫星通信线路是由发端地球站、上行传播路径、卫星转发器、下行传播路径和收端地球站组成。通信卫星是一个设在空中的微波中继站,卫星中的通信系统称为卫星转发器,其功能是:收到地面发送来的信号(称为上行信号),对其进行变频、放大、转换、均衡等处理后再发回地面(这时的信号

称为下行信号)。在卫星通信中,上行信号和下行信号的频率是不同的,这是为了避免二者在卫星通信天线中产生同频率干扰。

1.卫星通信系统的分类方法

卫星通信系统的分类方法很多,按距离地面的高度可分为静止轨道卫星、中地球轨道卫星和低地球轨道卫星。

(1)静止轨道(GEO)卫星距离地面 35780km,卫星运行周期 24h,相对于地面位置是静止的。

(2)中地球轨道(MEO)卫星距离地面 500~20000km,卫星运行周期 4~12h,相对于地面位置是移动的。

(3)低地球轨道(LEO)卫星距离地面 500~1500km,卫星运行周期 2~4h,相对于地面位置是移动的。

2.卫星通信的特点

(1)卫星通信作为现代通信的重要手段之一,与其他通信方式相比有其独特的优点:

①通信距离远,建站成本与距离无关,除地球两极外均可建站通信。

②组网灵活,便于多址连接。只要在卫星天线波束的覆盖区域内,所有地面站都可以利用卫星作为中继站进行相互通信。

③机动性好。卫星通信不仅能用于大型地面站之间的远距离通信,而且还可以为车载、船载、地面小型机动终端以及个人终端提供通信功能,另外,卫星通信组网迅速,能在短时间内将通信延伸至新的区域。

④通信线路质量稳定可靠。卫星通信的电磁波主要在大气层以外的宇宙传播,而宇宙空间可以看作均匀介质,电磁波传播比较稳定,且不受地形和地物如沙漠、丛林、沼泽等自然条件的影响,传输信号稳定可靠。

⑤通信频带宽,传输容量大,适合多种业务传输。卫星通信使用微波频段(300MHz~300GHz),所用的带宽传输容量比其他频段大得多。目前卫星通信带宽可达 500~1000MHz,一个卫星的容量可达上万条话路,并可以传输高分辨率的图像信息。

⑥可以自发自收进行监测。当收、发端地球站位于同一个覆盖区域时,本站同样可以收到自己发出的信号,从而可以监测判断本站传输是否正常。

(2)卫星通信也存在以下缺点:

①保密性差。卫星具有广播特性,一般容易被窃听。因此,不公开的信息应注意采取保密措施。

②电波的传播时延较大,存在回波干扰。利用静止卫星通信时,信号由发端地面站经卫星转发到收端地球站,单程传输时延约为 0.27s,会产生回波干扰,给人感觉又听到自己反馈回来的声音,因此必须采取回波抵消技术。

③存在日凌中断和星蚀现象。在每年春分和秋分前后数日,太阳、卫星和地球在同一直线上,卫星位于太阳和地球中间,地球站天线对准卫星的同时,也对准了太阳,太阳的强大噪声干扰,每天会造成几分钟通信中断,这种现象称为日凌中断。另外,当卫星进入地

球的阴影区,会造成卫星的"日食",在卫星通信上,称之为星蚀。

3. 卫星通信网络的结构

每个卫星通信系统,都有一定的网络结构,使各地球站通过卫星按一定形式进行联系。由多个地球站构成的通信网络,可以是星形、网格形、混合形。在星形[图6.1(a)]网中,各边远站只能通过中心站进行相互通信,各边远站之间不能通过卫星直接相互通信,即各边远站必须通过中心站转接才能联系。在网格形[图6.1(b)]网络中,各站彼此可经卫星直接沟通。除此之外,卫星通信网络也可以是上述两种网络的混合形式。

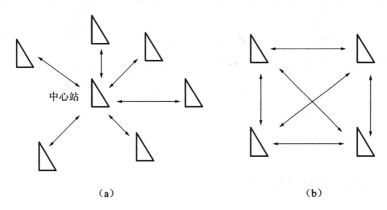

图6.1　卫星通信网络结构

(a)星形;(b)网格形

4. 卫星系统的工作过程

(1)在一个卫星通信系统中,各地球站中各个已调载波的发射或接收通路,经过卫星转发器可以组成很多条单跳或双跳的双工或单工卫星线路。卫星系统的全部通信任务,就是分别利用这些线路来完成的。单工即单方向工作;双工线路就是两条共用一个卫星但方向相反的单工线路的组合。在静止卫星通信系统中,大多是单跳工作,但也有双跳工作的,即发送的信号要经过两次卫星转发后才被对方接收,如图6.2所示。

(2)卫星通信系统的最大特点是多址工作方式。常用的多址方式有频分多址、时分多址、空分多址和码分多址,各种多址方式各具特征。

①频分多址(FDMA)方式:把卫星转发器的可用射频频带分割成若干互不重叠的部分,分别分配给各地球站所要发送的各载波使用。

②时分多址(TDMA)方式:把卫星转发器的工作时间分割成周期性的互不重叠的时隙,分配给各站使用。

③空分多址(SDMA)方式:卫星天线有多个窄波束(又称电波束),他们分别指向不同的区域地球站,利用波束在空间指向的差异来区分不同地球站。

④码分多址(CDMA)方式:各站所发的信号在结构上各不相同,并相互具有准正交性,以区别地址,而在频率、时间、空间上都可能重叠。

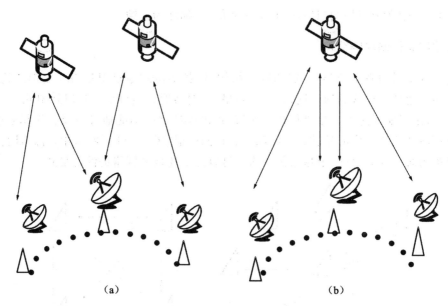

图 6.2　卫星通信双跳工作示意图

6.3.3　VSAT 卫星通信网

VSAT 是英文"Very Small Aperture Terminal(甚小口径终端)"的缩写,简称小站。VSAT 卫星通信是指利用大量小口径天线的小型地球站与一个大型地球站协同工作组成的卫星通信网。通常,可以通过它进行单向或双向数据、语音、图像及其他业务通信,它在卫星通信领域占有重要地位。VSAT 系统可工作于 C 波段或 Ku 波段,终端天线口径小于 2.5m,由主站对网络进行监测和控制。VSAT 网络组网灵活、独立性强,网络结构、网络管理、技术性能、设备特点等可以根据用户要求进行设计和调整。

1. VSAT 网络的主要特点

(1)设备简单,体积小,耗电少,造价低,安装、维护和操作简单,集成化程度高,智能化(包括操作智能化、接口智能化、支持业务智能化、信道管理智能化等)功能强,可无人操作。

(2)组网灵活,接续方便,独立性强,一般作为专用网,用户享有对网络的控制权。网络结构模块化,易于扩展和调整网络结构。可以适应用户业务量的增长以及用户使用要求的变化。

(3)通信效率高,性能质量好,可靠性高,通信容量可以自适应,适用于多种数据率和多种业务类型,即能够传输综合业务,便于向 ISDN 过渡。

(4)可以建立直接面对用户的直达电路,它可以与用户终端直接接口,解决了一般卫星通信系统信息落地后还需要地面线路引接的问题。

(5)VSAT 站很多,但各站的业务量较小。

(6)有一个较强的网管系统,交互操作性好,可使用不同标准的用户跨越不同地面网而在同一个 VSAT 网内进行通信。

2. VSAT 网络结构

VSAT 网络主要由通信卫星、网络控制中心、主站和分布在各地的用户 VSAT 小站组成。

（1）通信卫星可以是专用卫星，但大多数都是租用 INTELSAT 或卫星转发器。

（2）网络控制中心是主站用来管理、监控 VSAT 专用长途卫星通信网的重要设备，主要由工作站、外置硬盘、磁带机等设备构成。

（3）主站主要由本地操作控制台（LOC）、TDMA 终端、接口单元、射频设备、馈源及天线等构成。主要任务是：对 VSAT 卫星通信网各 VSAT 小站设备的运行情况进行实时监控；对全网各 VSAT 小站的软件进行升级；对全网的各种业务电路进行分配与管理；完成各 VSAT 小站与局域网之间的数据传输交换。

（4）VSAT 小站是用户终端设备，主要由天线、射频单元、调制解调器、基带处理单元、网络控制单元、接口单元等组成，可直接与电话机、交换机、计算机等各种用户终端连接。VSAT 网络的主要结构有：星形网络、网形网络、混合网络。

①星形网络，各 VSAT 仅与主站卫星直接联系，VSAT 之间不能通过卫星相互通信。主站是星形网络的中心，便于实施对网络的控制和管理，即是一种高度集中的网络结构。

②网形网络，网络中的各 VSAT 彼此之间可以通过卫星直接沟通，它是中心的、分散的网络结构。网络中各 VSAT 均具有双向传输功能。

③混合网络，它在传输实时要求高的业务时，采用网形结构，而在传输实时性要求不高的业务时，采用星形结构；当进行点对点通信时采用网形结构，当进行点对多点通信时采用星形结构。

6.3.4　任务小结

本章介绍了卫星通信、VSAT 通信网，通过学习，李雷掌握了卫星通信、VSAT 通信网的组成、分类方法、特点、结构及工作过程。

学习项目七　移动通信系统

7.1　任务一　移动通信系统的构成

知识目标:了解移动通信发展的历程
能力目标:了解移动通信系统频段分配、网络构成;了解数字微波站构成所需设备
素质目标:掌握移动通信发展历程及网络构成和工作模式
教学重点:移动通信系统频段分配、NSS、OSS、BSS、MS
教学难点:移动通信系统频段分配原理、3G 网络构成和工作模式

7.1.1　任务描述

移动通信已经成为现代社会的主要通信方式,李雷对移动通信很好奇,老师建议他学习移动通信系统的知识。

7.1.2　移动通信特点

①移动通信是指通信双方或至少一方在移动中进行信息交换的通信方式。移动通信是有线通信网的延伸,它由无线和有线两部分组成。无线部分提供用户终端的接入,利用有限的频率资源在空中可靠地传送语音和数据;有线部分完成网络功能,包括交换、用户管理、漫游、鉴权等,构成公众陆地移动通信网(PLMN)。

②移动通信是有线和无线相结合的通信方式;无线电波传播存在严重的多径衰落;具有在互调、邻频、同频干扰条件下工作的能力;具有多普勒效应;终端用户的移动性。

7.1.3　移动通信的发展历程

移动通信系统从 20 世纪 40 年代发展至今,根据其发展历程和发展方向,可以划分为两个阶段:

①第一代移动电话系统是模拟系统,采用了由贝尔实验室提出的蜂窝组网技术,在多址技术上采用频分多址技术(FDMA),频谱利用率低,设备成本高,业务种类少,保密性差,容量小,不能满足用户量增长的需要。20 世纪 70 年代模拟系统在世界许多地方得到研究,具有代表性的是美国的高级移动电话业务(AMPS)和英国的全接入移动通信系统

(TACS)。

②第二代移动电话系统是数字蜂窝移动通信系统。20 世纪 80 年代几乎同时出现了两种重要的通信体制，一种是 TDMA，另一种是 CDMA。TDMA 体制的典型代表是欧洲的 GSM 系统，CDMA 体制典型的代表是美国的 IS-95 系统。

全球移动通信(GSM)是 1992 年欧洲标准化委员会统一推出的标准，它采用数字通信技术、统一的网络标准，使通信质量得以保证，并可以开发出更多的新业务供用户使用。由于 GSM 相对模拟移动通信技术是第二代移动通信技术，因此简称 2G。后来出现的通用无线分组业务(GPRS)系统，是一种基于 GSM 系统的无线分组交换技术，提供端到端的、广域的无线 IP 连接。1989 年美国高通公司首次进行了 CDMA 试验并取得成功，经理论推导，其容量为 AMPS 容量的 20 倍。

1995 年香港和美国的 CDMA 公用网开始投入商用。我国于 1998 年开始 CDMA 商用化。

③IMT-2000 支持的网络成为第三代移动通信系统，是将无线通信与互联网等多媒体通信相结合的新一代移动通信系统。它能够处理图像、音乐、视频流等多种媒体形式，提供包括网页浏览、电话会议、电子商务等多种信息服务。它可以支持高达 2Mbit/s 的传输速率，并形成了 WCDMA、CDMA2000、TD-SCDMA 三大主流标准三足鼎立的局面。其中欧洲的 WCDMA 和美国的 CDMA2000 分别是在 GSM 和 IS-95CDMA 的基础上发展起来的，大唐电信代表中国提出的 TD-SCDMA 标准采用了 TDD 模式，支持不对称业务。1999 年 10 月 ITU-T 最终通过了"IMT-2000 无线接口技术规范"建议，确立了 IMT-2000 所包含的无线接口技术标准。

7.1.4　移动通信系统频段分配

移动通信使用频段的分配情况如表 7.1、表 7.2、表 7.3 所示。

表 7.1　我国第二代移动通信系统频段分配

系统	频段	上行频段	下行频段
GSM 系统	900M	890～915MHz	935～960MHz
	1800M	1710～1785MHz	1805～1880MHz
CDMA 系统	800M	825～835MHz	870～880MHz

表 7.2　我国第三代移动通信系统频段分配

	主要频段	补充工作频段
频分双工(FDD)方式	1920～1980MHz/2110～2170MHz	1755～1785MHz/1850～1880MHz
时分双工(TDD)方式	1880～1920MHz/2010～2025MHz	2300～2400MHz

表 7.3　我国目前第三代移动通信系统频段分配

	主要频段
WCDMA	1940～1955MHz/2130～2145MHz
TD-SCDMA	1880～1900MHz/2010～2025MHz
CDMA2000	1920～1935MHz/2110～2125MHz

7.1.5　移动通信网络构成

1.2G 移动通信系统的网络构成

2G 移动通信系统主要由移动交换子系统(NSS)、操作维护子系统(OSS)、基站子系统(BSS)和移动台(MS)四大部分组成,如图 7.1 所示。

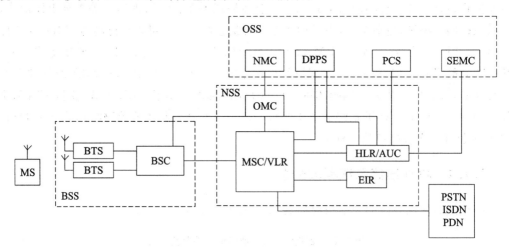

图 7.1　2G 移动通信系统框图

(1)移动交换子系统 NSS

移动交换子系统 NSS 主要完成话务的交换功能,同时管理用户数据和移动性所需的数据库。NSS 子系统的主要作用是管理移动用户之间的通信和移动用户与其他通信网用户之间的通信。移动交换子系统主要由移动交换中心(MSC)、操作维护中心(OMC)以及移动用户数据库所组成。

①移动交换中心(MSC)是公用陆地移动网(PLMN)的核心。MSC 对位于它所覆盖区域中的移动台进行控制和完成话路接续的功能,也是公用陆地移动网(PLMN)和其他网络之间的接口。它实现通话接续、计费以及 BSS 和 MSC 之间的切换和辅助性的无线资源管理、移动性管理等功能。MSC 从移动用户数据库中取得处理用户呼叫请求所需的全部数据。反之,MSC 则根据移动台位置信息的新数据更新移动用户数据库。

②移动用户数据库一般存储管理部门用于移动用户管理的数据、MSC 所管辖区域中

移动台的相关数据以及用于系统安全性管理和移动台设备参数的信息。具体包括:移动用户识别号码、访问能力、用户类别、补充业务、用户号码、移动台的位置区信息、用户状态和用户可获得的服务、鉴权用户身份的合法性等内容,另外还具有对无线接口上的语音、数据、信令信号进行加密以及对移动设备的识别、监视、闭锁等功能。

(2)操作维护子系统 OSS

操作维护子系统对整个网络进行管理和监控。通过它实现对网内各种部件功能的监视、状态报告、故障诊断等功能。

(3)基站子系统 BSS

BSS 子系统可以分为通过无线接口与移动台相连的基站收发信台(BTS)以及与移动交换中心相连的基站控制器(BSC)两个部分。BTS 负责无线传输,BSC 负责控制与管理。一个 BSS 系统由一个 BSC 与一个或多个 BTS 组成,一个 BSC 可以根据话务量需要控制多个 BTS。

①基站控制器(BSC)是基站系统(BSS)的控制部分,在 BSS 中起交换作用。BSC 一端可与多个 BTS 相连,另一端与 MSC 和操作维护中心 OMC 相连,BSC 面向无线网络,主要负责完成无线网络管理、无线资源管理及无线基站的监视管理;控制完成移动台和 BTS 之间无线连接的建立、接续和拆除等管理;控制完成移动台的定位、切换和寻呼,提供语音编码、码型变换和速率适配等功能,并能完成对基站子系统的操作维护。BSS 中的 BSC 所控制的 BTS 数量随业务量的大小而有所改变。

②无线基站(BTS)是基站子系统(BSS)的无线部分,BTS 在系统中的位置处于 MS 与 BSC 之间,与 BTS 直接相关的是无线接口。基站(BTS)是由基站控制器 BSC 控制,服务于某个小区的无线收发信设备,完成 BSC 与无线信道之间的转换,实现 BTS 与移动台 MS 之间通过空中接口的无线传输以及相关的控制功能。

(4)移动台 MS

MS 是移动用户设备,它由移动终端和客户识别卡(SIM 卡)组成。移动终端就是"机",它可提供语音编码、信道编码、信息加密、信息的调制和解调、信息发射和接收等功能;SIM 卡就是"人",存有认证客户身份所需的所有信息,并能执行一些与安全保密有关的重要信息,以防止非法客户进入网络。SIM 卡还存储与网络和客户有关的管理数据,只有插入 SIM 卡后移动终端才能接入进网。

2. 3G 移动通信系统的网络构成和工作模式

(1)3G 移动通信系统的网络构成

3G 移动通信系统主要由用户设备(UE)、无线接入网(UTRAN)和核心网(CORE Network)三部分组成。UTRAN 由 Node B 和 RNC 构成;核心网由 PS 和 CS 组成。其中的主要接口有 Uu 接口、Iub 接口、IuCS 接口、IuPS 接口。网络的结构如图 7.2 所示。

①用户设备(UE)。它通过 Uu 接口与网络设备进行数据交互,为用户提供电路域和分组域内的各种业务功能,包括普通语音、数据通信、移动多媒体、Internet 应用(如 E-mail、WWW 浏览、FTP 等)。UE 包括两部分:ME(The Mobile Equipment)提供应用

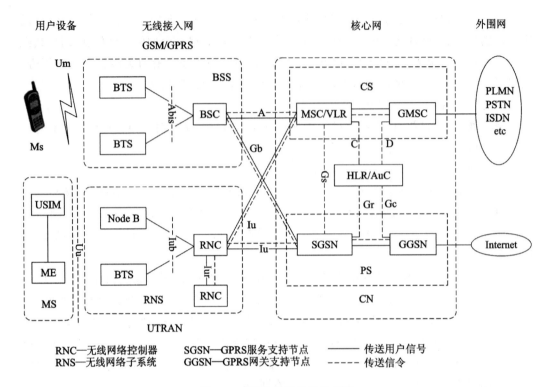

图 7.2　3G 移动通信系统框图

和服务功能,USIM(The UMTS Subscriber Module)提供用户身份识别功能。

②无线接入网(UTRAN)。包括无线网络控制器 RNC 和一个或多个基站 Node B,Node B 和 RNC 通过 Iub 接口互连。在 UTRAN 内,不同的 RNC 通过 Iur 接口互连,Iur 可以通过 RNC 直接物理连接或通过传输网连接。Node B 相当于 GSM 网络中的基站收发信台(BTS),它可采用 FDD、TDD 模式或双模式工作,每个 Node B 服务于一个无线小区,提供无线资源的接入功能。RNC 相当于 GSM 网络中的基站控制器(BSC),提供无线资源的控制功能。

③核心网(CORE Network)。它位于网络子系统内,由 PS 和 CS 组成,核心网的主要作用是把 A 口上来的呼叫请求或数据请求,接续到不同的网络上。主要涉及呼叫的接续、计费,移动性能管理,补充业务实现,智能触发等方面。其主体支撑在交换机上。

(2)3G 移动通信系统的工作模式

3G 移动通信系统主要有两种工作模式,即频分数字双工(FDD)模式和时分数字双工(TDD)模式。

①FDD 是上行(发送)和下行(接收)的传输分别使用分离的两个对称频带的双工模式,需要成对的频率,通过频率来区分上、下行。对称业务(如语音)能充分利用 FDD 模式上下行的频谱,但对于非对称的分组交换数据业务(如互联网),由于上行负载低,FDD 模式的频谱利用率则大大降低。

WCDMA 和 CDMA2000 采用 FDD 模式,需要成对的频率规划。WCDMA 即宽带

CDMA 技术,其扩频码速率为 3.84Mchip/s,载波带宽为 5MHz,而 CDMA2000 的扩频码速率为 1.2288Mchip/s,载波带宽为 1.25MHz。另外,WCDMA 的基站间同步是可选的,而 CDMA2000 的基站间同步是必需的,因此需要全球定位系统(GPS)。以上两点是WCDMA 和 CDMA2000 最主要的区别。除此以外,其他关键技术(例如功率控制、软切换、扩频码以及所采用的分集技术等)都是基本相同的,只有很小的差别。

②TDD 是上行和下行的传输使用同一频带的双工模式,根据时间来区分上、下行并进行切换,物理层的时隙被分为上、下行两部分,不需要成对的频率,上下行链路业务共享同一信道,可以不平均分配,特别适用于非对称的分组交换数据业务(如互联网)。

TD-SCDMA 采用 TDD、TDMA/CDMA 多址方式工作,扩频码速率为 1.28Mchip/s,载波带宽为 1.6MHz,其基站间必须同步,适用于非对称数据业务。

7.1.6　任务小结

本章介绍了移动通信的发展及移动网络的构成。通过学习,李雷对移动通信有了基本的了解。

7.2　任务二　GSM 和 CDMA 网络特点

知识目标:了解 GSM 网络和 CDMA 网络的工作频段、信道、构成及切换
能力目标:了解我国 GSM 网络和 CDMA 网络各自的构成及切换方式
素质目标:掌握 GSM 网络和 CDMA 网络站址方式及优缺点
教学重点:GSM 网络和 CDMA 网络的工作频段、站址方式、信道
教学难点:GSM 网络和 CDMA 网络的工作频段、信道及优缺点

7.2.1　任务描述

通过对移动通信系统的了解,李雷想了解移动通信的 GSM 网络和 CDMA 网络的具体内容,老师建议他学习 GSM 和 CDMA 网络。

7.2.2　GSM 移动通信系统

1.工作频段及频道间隔

我国 GSM 通信系统采用 900MHz 和 1800MHz 两个频段。对于 900MHz 频段,上行(移动台发、基站收)的频带为 890～915MHz,下行(基站发、移动台收)的频带为 935～960MHz,双工间隔为 45MHz,工作带宽为 25MHz;对于 1800MHz 频段,上行(移动台发、基站收)的频带为 1710～1785MHz,下行(基站发、移动台收)的频带为 1805～1880MHz,双工间隔为 95MHz,工作带宽为 75MHz。

相邻两频道间隔为 200kHz。每个频道采用时分多址（TDMA）方式接入，分为 8 个时隙，即 8 个信道（全速率）。每个用户使用一个频道中的一个时隙传送信息。

2. 频率复用

GSM 频率复用是指在不同间隔区域内，使用相同的频率进行覆盖。GSM 无线网络规划基本上采用 4×3 频率复用方式，即每 4 个基站为一群，每个基站分成 6 个三叶草形 60° 扇区或 3 个 120° 扇区，共需 12 组频率。这种方式的同频载干比 C/I 能够比较可靠地满足 GSM 规范的要求，即 $C/I > 12$dB（GSM 规范中一般要求大于 9dB，工程中一般加 3dB 余量）。

3. GSM 采用的多址技术

GSM 通信系统采用的多址技术主要有频分多址（FDMA）技术和时分多址（TDMA）技术。频分多址是把整个可分配的频谱划分成许多单个无线电信道（发射和接收载频对），每个信道可以传输一路语音或控制信息。时分多址是在一个宽带的无线载波上，按时隙划分为若干时分信道，每一用户占用一个时隙，只在这一指定的时隙内收（或发）信号。

4. GSM 信道

GSM 中的信道分为物理信道和逻辑信道。一个物理信道就是频宽 200kHz，时长为 0.577ms 的物理实体。逻辑信道又分为业务信道和控制信道两大类。

（1）业务信道（TCH）：用于传送编码后的语音或客户数据。在上行和下行信道上，以点对点（BTS 对一个 MS，或反之）方式传播。

（2）控制信道：用于传送信令或同步数据。根据所需完成的功能又把控制信道定义成广播、公共及专用三种控制信道。广播信道（BCH）可细分为频率校正信道（FCCH）、同步信道（SCH）、广播控制信道（BCCH）；公共控制信道（CCCH）可细分为寻呼信道（PCH）、随机接入信道（RACH）、接入许可信道（AGCH）；随路控制信道（DCCH）可细分为独立专用控制信道（SDCCH）、慢速随路控制信道（SACCH）、快速随路控制信道（FACCH）。

5. GSM 通信系统的构成

GSM 通信系统主要由移动交换子系统（NSS）、基站子系统（BSS）和移动台（MS）三大部分组成。其中 NSS 与 BSS 之间的接口为 A 接口，BSS 与 MS 之间的接口为 Urn 接口。GSM 规范对系统的 A 接口和 Um 接口都有明确的规定，也就是说，A 接口和 Um 接口是开放的接口。

6. 切换

处于通话状态的移动用户从一个 BSS 移动到另一个 BSS 时，切换功能实现移动用户已经建立的链路不被中断。切换包括 BSS 内部切换、BSS 间的切换和 NSS 间的切换。其

中 BSS 间的切换和 NSS 间的切换都需要由 MSC 来控制完成,而 BSS 内部切换由 BSC
控制完成。

7.2.3 CDMA 通信系统

1.CDMA 工作频段

CDMA 是用编码区分不同用户,可以用同一频率、相同带宽同时为用户提供收发双
向的通信服务。不同的移动用户传输信息所用的信号用各自不同的编码序列来区分。

我国 CDMA 通信系统采用 800MHz 频段:825～835MHz(移动台发、基站收);870～
880MHz(基站发、移动台收)。双工间隔为 45MHz,工作带宽为 10MHz,载频带宽为
1.25MHz,如表 7.4 所示。

表 7.4 我国 GSM 和 CDMA 的工作频段

	GSM		CDMA 1X						
	900M 频段	1800M 频段	800M 频段						
上行频段	890～915M	1710～1785M	825～835M						
下行频段	935～960M	1805～1880M	870～880M						
双工间隔	45M	95M	45M						
频点	1～124	512～885	283	242	201	160	119	78	37
频点对应上行频率	$F=890+N\times0.2$	$F=1710+(N-511)\times0.2$	833.49M	832.26M	831.03M	829.80M	828.57M	827.34M	826.11M
频点对应下行频率	$F=890+45+N\times0.2$	$F=1710+95+(N-511)\times0.2$	878.49M	877.26M	876.03M	874.80M	873.57M	872.34M	871.11M

2.CDMA 多址方式

(1)CDMA 给每一用户分配一个唯一的码序列(扩频码),并用它来对承载信息的信
号进行编码,该码序列用户的接收机对收到的信号进行解码,并恢复出原始数据。由于码
序列的带宽远大于所承载信息的信号的带宽,编码过程扩展了信号的频谱,从而也称为扩
频调制。CDMA 通常也用扩频多址来表征。

(2)CDMA 按照其采用的扩频调制方式的不同,可以分为直接序列扩频(DS)、跳频
扩频(FH)、跳时扩频(TH)和复合式扩频等几种扩频方式。扩频通信系统具有抗干扰能
力强、保密性好、可以实现码分多址、抗多址干扰、能精确地定时和测距等特点。

3.CDMA 信道

CDMA IS-95A 中主要有开销信道和业务信道两类信道。导频信道、寻呼信道、同步
信道、接入信道统称为开销信道。导频信道、寻呼信道、同步信道、业务信道构成前向信

道;接入信道、业务信道构成反向信道。

4. CDMA 通信系统的构成

CDMA 系统同 GSM 等 2G 移动通信系统一样由移动交换子系统(含 MSC,EIR,VLR,HLR,AUC)、基站子系统(含 BSC 和 BTS)和移动台(MS)三大部分组成。其中 NSS 与 BSS 之间的接口为 A 接口,BSS 与 MS 之间的接口为 Um 接口。

5. CDMA 切换

与 GSM 的硬切换相比,CDMA 移动台在通信时可能发生同频软切换、同频同扇区间的更软切换以及不同载频间的硬切换。所谓软切换是指移动台开始与一个新的基站联系时,并不立即中断与原基站间的通信,当与新的基站取得可靠通话后,再中断与原基站的通信。这使得 CDMA 相对 GSM 在切换成功率方面大大提高。

6. CDMA 的优点

和 TDMA 相比,CDMA 具有以下优点:

(1)系统容量大。在 CDMA 系统中所有用户共用一个无线信道,当用户不讲话时,相邻的小区内信道内的所有其他用户会由于干扰减小而得益。因此利用人类语音特点的 CDMA 系统可大幅度减小相互干扰,增大其实际容量近 3 倍。CDMA 数字移动通信网的系统容量,理论上比 GSM 大 4~5 倍。

(2)系统通信质量更佳。软切换技术(先连接再断开)可以解决切换容易掉话的问题。CDMA 系统在相同的频率和带宽上工作时,比 TDMA 系统拥有更高的通信质量。

(3)频率规划灵活。用户按不同的序列码区分,不相同的 CDMA 载波可在相邻的小区内使用,因此 CDMA 网络的频率规划灵活,扩展简单。

(4)频带利用率高。CDMA 是一种扩频通信技术,尽管扩频通信系统抗干扰性能的提高是以占用频带带宽为代价的,但是 CDMA 允许单一频率在整个系统区域内重复使用,使许多用户共用这一频带同时进行通话,大大提高了频带利用率。

(5)适用于多媒体通信系统。CDMA 系统能方便地使用多 CDMA 帧方式,传送不同速率要求的多媒体业务信息,有利于多媒体通信系统的应用。

(6)CDMA 手机的续航时间更长。低平均功率、高效的超大规模集成电路设计和先进的锂电池的结合显示了 CDMA 在便携式电话应用中的突破。

7.2.4　任务小结

本章介绍了 CDMA 及 GSM 网络。通过学习,李雷掌握了 CDMA 网络和 GSM 网络的工作方式及切换方式。

7.3　任务三　第三代移动通信网络特点

知识目标：了解 1、2、3 代移动通信的概况

能力目标：了解 CDMA2000、TD-SCDMA、WCDMA 等网络的特点

素质目标：掌握每一代移动通信的编码、链路及网络特点

教学重点：TD-SCDMA、WCDMA 网络的工作方式及网络特点

教学难点：TD-SCDMA、WCDMA 网络的数据工作模式及基站运行方式

　　3G 是 3rd Generation 的缩写，指第三代移动通信技术。相对第一代模拟制式（1G）和第二代 GSM、CDMA（2G），第三代是指将无线通信与互联网等多媒体通信相结合的新一代移动通信系统。它能够处理图像、音乐、视频流等多种媒体形式，提供包括网页浏览、电话会议、电子商务等多种信息服务。为了提供这种服务，网络必须能够支持不同的数据传输速度，即在室内、室外和行车的环境中能够分别达到至少 2Mbps、384Kbps 以及144Kbps 的传输速度。3G 有 WCDMA、CDMA2000、TD-SCDMA 三种制式。

7.3.1　任务描述

　　李雷对其他的移动网络也很好奇，老师建议他对每一代移动通信都进行了解。

7.3.2　CDMA2000 网络特点

　　（1）自适应调制编码技术。根据前向射频链路的传输质量，移动终端可以要求 9 种数据速率，最低为 38.4Kbps，最高为 2457.6Kbps。在 1.25MHz 的载波上能如此高速地传输数据，其原因是采用了高阶调制解调并结合了纠错编码技术。

　　（2）前向链路快速功率控制技术。前向链路功率控制（FLPC）的目的就是合理分配前向业务信道功率，在保证通信质量的前提下，使其对相邻基站、扇区产生的干扰最小，也就是使前向信道的发射功率在满足移动台解调最小需求信噪比的情况下尽可能小。通过调整，既能维持基站同位于小区边缘的移动台之间的通信，又能在有较好的通信传输环境时最大限度地降低前向发射功率，减少对相邻小区的干扰，增加前向链路的相对容量。

　　（3）移动 IP 技术。CDMA2000 提供了简单 IP 和移动 IP 两种分组业务接入方式。

　　简单 IP（Simple IP）方式：类似于传统的拨号接入，分组数据业务节点（Packet Data Serving Node，PDSN）为移动台动态分配一个 IP 地址，该 IP 地址一直保持到该移动台移出该 PDSN 的服务范围，或者移动台终止简单 IP 的分组接入。当移动台跨 PDSN 切换时，该移动台的所有通信将重新建立，通信中断。移动台在其归属地和访问地都可以采用简单 IP 接入方式。

　　移动 IP（Mobile IP）方式：移动台使用的 IP 地址是其归属网络分配的，不管移动台漫游到哪里，它的归属 IP 地址均保持不变，这样移动台就可以用一个相对固定的 IP 地址和

其他节点进行通信了。移动 IP 提供了一种特殊的 IP 路由机制,使得移动台可以以一个永久的 IP 地址连接到任何链路上。

(4)前向链路时分复用。CDMA2000 充分利用了数据通信业务的不对称性和数据业务对实时性要求不高的特征,前向链路设计为时分复用(TDM)CDMA 信道。对于前向链路,在给定的某一瞬间,某一用户将得到 CDMA2000 EV-DO 载波的全部功率,不管是传输控制信息还是传输业务信息,CDMA2000 EV-DO 的载波总是以全功率发射。

(5)速率控制。前向链路的发射功率不变,即没有功率控制机制。但是,它采用了速率控制机制,速率随着前向射频链路质量而变化。基站不决定前向链路的速率,而是由移动终端根据测得的 C/I 值请求最佳的数据速率。

(6)增强的电池续航能力。采用功率控制和反向电路的门控发射机制等技术以降低能量消耗,使手机电池续航能力增强。

(7)软切换。CDMA 系统采用软切换技术"先连接再断开",这样完全解决了硬切换容易掉话的问题。

7.3.3　TD-SCDMA 网络特点

时分双工(Time Division Duplex,TDD)是一种通信系统的双工方式,在无线通信系统中用于分离接收和传送信道或者上行和下行链路。在采用 TDD 模式的无线通信系统中,接收和传送是在同一频率信道(载频)的不同时隙,用保护时间间隔来分离上下行链路;而采用 FDD 模式的无线通信系统,接收和传送是在分离的两个对称频率信道上,用保护频率间隔来分离上下行链路。

(1)TD-SCDMA 系统由于采用了 TDD 的双工方式,可以利用时隙的不同来区分不同的用户。同时,由于每个时隙内同时最多可以有 16 个码字进行复用,因此同时隙的用户也可以通过码字来进行区分。每个 TD-SCDMA 载频的带宽为 1.6MHz,使得多个频率可以同时使用,TD-SCDMA 系统集合 CDMA、FDMA、TDMA 三种多址方式于一体,使得无线资源可以在时间、频率、码字这三个维度进行灵活分配,也使得用户能够被灵活地分配在时间、频率、码字这三个维度,从而降低系统的干扰水平。

(2)TD-SCDMA 的同步技术包括网络同步、初始化同步、节点同步、传输信道同步、无线接口同步、In 接口时间校准、上行同步等。其中网络同步是选择高稳定度、高精度的时钟作为网络时间基准,以确保整个网络的时间稳定,它是其他各同步的基础。初始化同步可以使移动台成功接入网络。节点同步、传输信道同步、无线接口同步和 In 接口时间较准、上行同步等,可以使移动台能正常进行符合 QoS 要求的业务传输。

(3)功率控制是 TD-SCDMA 系统中有效控制系统内部的干扰电平,从而减小小区内和小区间干扰的不可缺少的手段。在 TD-SCDMA 系统中,功率控制可以分为开环功率控制和闭环功率控制,而闭环功率控制又可以分为内环功率控制和外环功率控制。

(4)智能天线技术,即在移动通信环境复杂和频带资源受限的条件下达到更好的通信质量和更高的频谱利用率,受限的因素主要有多径衰落、时延扩展和多址干扰 3 个方面。

为突破这些因素的限制,TD-SCDMA 采用智能移动通信技术,智能天线技术作为 TD-SCDMA 系统的关键技术,在抵抗干扰、增大系统容量方面发挥了重要的作用。相比于 WCDMA 系统,TD-SCDMA 系统带宽较窄,扩频增益较小,单载频容量较小。智能天线是保证系统能够获得满码道容量的重要条件。

(5)TD-SCDMA 系统中采用的联合检测技术是充分利用造成多址干扰(MAI)的所有用户信号及其多径的先验信息,把用户信号的分离当作一个统一的相互关联的联合检测过程来完成,从而具有优良的抗干扰性能,降低了系统对功率控制精度的要求,因此可以更加有效地利用上行链路频谱资源,显著地增大系统容量。

(6)TD-SCDMA 系统的接力切换概念不同于硬切换与软切换。在切换之前,目标基站可以通过系统对移动台的精确定位技术,获得移动台比较精确的位置信息。在切换过程中,UE 断开与原基站的连接之后,能迅速切换到目标基站。接力切换可提高切换成功率,与软切换相比,可以克服切换时对邻近基站信道资源的占用,能够使系统容量得以增加。

(7)动态信道分配的引入是基于 TD-SCDMA 采用了多种多址方式 CDMA、TDMA、FDMA 以及空分多址 SDMA(智能天线的效果)。当同小区内或相邻小区间用户发生干扰时,可以将其中一方移至干扰小的其他无线单元(不同的载波或不同的时隙)上,达到减小相互间干扰的目的。动态信道分配能够较好地避免干扰,使信道重用距离最小化,从而高效率地利用有限的无线资源,增大系统容量;能够灵活地分配时隙资源,可以灵活地提供对称及非对称的业务。

7.3.4　WCDMA 网络特点

(1)支持异步和同步的基站运行方式,组网方便、灵活,减少了通信网络对于 GPS 系统的依赖。

(2)上行为 BPSK 调制方式,下行为 QPSK 调制方式,采用导频辅助的相干解调,码资源产生方法容易、抗干扰性好且提供的码资源充足。

(3)发射分集技术,支持 TSTD、STTD、SSDT 等多种发射分集方式,有效提高无线链路性能,提高了下行的覆盖率并增大了容量。

(4)适应多种速率的传输,可灵活地提供多种业务,并根据不同的业务质量和业务速率分配不同的资源,同时对多速率、多媒体的业务可通过改变扩频比和多码并行传送的方式来提供。上、下行快速、高效的功率控制,大大减小了系统的多址干扰,增大了系统容量,同时也降低了传输的功率。

(5)WCDMA 利用成熟 GSM 网络的覆盖优势,核心网络基于 GSM/GPRS 网络的演进,WCDMA 与 GSM 系统有很好的兼容性。

(6)支持开环、内环、外环等多种功率控制技术,减小了多址干扰,克服了远近效应以及衰落,从而保证了上下行链路的质量。

(7)基于网络性能的语音 AMR 可变速率控制技术,通过对 AMR 语音连接的信源编码速率和信道参数进行协调考虑,合理有效利用系统负载,可以在系统负载轻时提供优质的语音服务,在网络负荷较重时通过控制 AMR 速率,降低一点语音质量来增大系统容量,特别是增大在忙时的系统容量,增加运营商的收入,使运营商的收入最大化。WCDMA 也支持 TFO/TrFO 技术,提供语音终端对终端的直接连接服务,减少语音编解码次数,提高语音质量。

(8)先进的无线资源管理方案。在软切换过程中提供准确的测量方法、软切换算法及切换执行功能;呼叫准入控制是用一种合适的方法控制网络的接入实现软容量最大化;无线链监控是在不同信道条件下使用不同的发射模式获得最佳效果;码资源分配是用低复杂度的算法支持尽可能多的用户。

(9)软切换采用了更软的切换技术。在切换上优化了软切换门限方案,改进了软切换性能,实现无缝切换,提高了网络的可靠性和稳定性。

(10)Rake 接收技术。由于 WCDMA 带宽更大,码片速率可达 3.84Mchip/s,因此可以分离更多的多径,提高了解调性能。

7.3.5　任务小结

本章介绍了第三代移动通信。李雷通过学习了解了 CDMA2000、TD-SCDMA、WCDMA 等网络的特点。

7.4　任务四　移动多媒体技术及应用

知识目标:了解 3G 通信通过互联网技术扩展的多媒体业务
能力目标:了解 3G 通信增加业务的范围
素质目标:掌握 3G 网络所拓展的多媒体及应用
教学重点:3G 通信相比前两代通信在业务上的更新增加
教学难点:3G 通信通过卫星广播网络方式对视频及办公商务提供的服务

7.4.1　任务描述

移动通信的拓展业务很多,李雷想知道移动网络都有什么增值业务。老师建议他学习移动多媒体技术的应用。

随着数字时代的到来以及 3G 在世界范围内的大规模商用和网络带宽的大幅度扩展,通过互联网技术、蓝牙技术、WLAN 技术等的应用以及 IP 多媒体子系统(IMS)的支持,3G 除可以承载更高品质的语音业务以外,还能够全面支持包括高速互联网接入、无线音乐等更加丰富的移动多媒体业务应用。

(1)高速互联网接入。因 3G 网络的带宽增加,手机这种移动多媒体终端可以享受高速接入互联网,从而实现真正的随时随地无线宽带上网。

　　（2）无线音乐业务，是用户利用手机等通信终端，以登录移动通信网络的接入方式获取以音乐为主题内容的相关业务，具体业务包括现有的彩铃、振铃、无线音乐俱乐部、无线首发、无线音乐搜索等。

　　（3）手机游戏。3G 网络可以为移动用户提供各种类别的交互式手机游戏。手机游戏方便携带，随时可以玩。利用 3G 网络，游戏平台会更加稳定和快速，兼容性更高，让用户在游戏的视觉和效果方面有更佳体验。

　　（4）移动支付业务，是由移动运营商、移动应用服务提供商和金融机构共同推出的、构建在移动运营支撑系统上的一个移动多媒体业务应用。移动支付系统将为每个移动用户建立一个与其手机号码相关联的支付账户，其功能相当于电子钱包，为移动用户提供了一个通过手机进行交易支付和身份认证的途径。用户通过拨打电话、发送短信或者使用 WAP 功能接入移动支付系统，移动支付系统将此次交易的要求传送给移动应用服务提供商，由移动应用服务提供商确定此次交易的金额，并通过移动支付系统通知用户，在用户确认后，付费可通过多种途径完成，这是移动多媒体技术应用的新业务。

　　（5）移动定位，是指通过特定的定位技术来获取移动手机或终端用户的位置信息（经纬度坐标），在电子地图上标出被定位对象的位置的技术或服务。定位技术有两种，一种是基于 GPS 的定位，一种是基于移动通信网络基站的定位。

　　（6）可视电话业务，是一种集图像、语音于一体的移动多媒体通信业务，可以实现人们面对面的实时沟通，即通话双方在通话过程中能够互相看到对方场景，并在远程会议、远程教学、远程医疗等方面得到应用。

　　（7）手机电视，是利用手机等便携式移动终端收看电视节目的移动多媒体业务，它使电视广播从面向固定、家庭接收，扩展到面向移动、个体接收，用户可以在任何时间、任何地点接收手机电视节目，按照自己的喜好选择节目内容，从而真正实现节目内容接收的个性化和互动化。

　　手机电视业务的实现方式主要有三种：

　　①利用卫星广播网络方式。该方式是基于 DMB（数字多媒体广播）技术，通过 DMB 卫星提供下行广播网络传输手机电视，用户手机终端上集成安装直接接收 DMB 卫星信号的模块组成双模手机，就可以接收 DMB 卫星广播的手机电视信号。

　　②利用移动通信网络方式。该方式称为流媒体手机电视，基于流媒体技术。3G 系统被认为是流媒体手机电视比较理想的承载网络平台。该方式将电视信号压缩成视频流之后，传输到手机终端上解压缩后观看，手机终端需要安装操作系统和流媒体播放软件。

　　③利用地面数字电视广播网络与移动通信网络相结合方式。该方式需要在手机终端上集成安装移动数字电视接收模块组成双模手机，通过地面数字电视广播网络的无线基站将数字电视信号发送到用户手机上，将地面数字电视广播网络作为数字电视信号的下行广播网络，将移动通信网络作为上行传输网络回传互动业务信号，从而提供视频点播等互动业务。

　　（8）视频点播，是一种交互式的多媒体视频点播模式，凭借网络和视频技术的优势，可以完全按各人的需求，选择播放各人喜欢的视频内容。这种人性化的多媒体收看方式，从本质上改变了传统节目播放模式,用户无须按节目表安排的时段收看,彻底摆脱了时间与空间的束缚,可以随心所欲地享受实时、交互的点播服务。

（9）手机办公与手机商务。因 3G 带宽的增加,手机办公越来越受到青睐。手机办公使得办公人员可以随时随地与单位的信息系统保持联系,实现办公功能。与传统的 OA 系统相比,手机办公摆脱了传统 OA 局限于局域网的桎梏,办公人员可以随时随地访问政府和企业的数据库,进行实时办公和业务处理,极大地提高了办公效率。

7.4.2　任务小结

本章对移动多媒体业务进行了具体介绍。李雷了解了移动多媒体业务。

7.5　任务五　第四代移动通信技术特点

知识目标:4G 与前 3 代网络技术的区别

能力目标:了解 4G 通信的目标、网络结构、关键技术及优势

素质目标:掌握 4G 技术与前 3 代通信技术的区别

教学重点:4G 通信网络结构、关键技术、主要优势、技术标准

教学难点:LTE、LTE-Advanced、WiMax 等技术

7.5.1　任务描述

4G 时代到来,李雷想了解 4G 与前 3 代网络技术有什么不同。老师建议他学习 4G 网络的特点。

4G 是第四代移动通信及其技术的简称,是集 3G 与 WLAN 于一体并能够传输高质量视频图像以及图像传输质量与高清晰度电视不相上下的技术产品。4G 系统能够以100Mbps 的速度下载,比拨号上网快 2000 倍,上传的速度也能达到 20Mbps,并能够满足几乎所有用户对于无线服务的要求。而在用户最为关注的价格方面,4G 与固定宽带网络在价格方面不相上下,而且计费方式更加灵活机动,用户完全可以根据自身的需求确定所需的服务。此外,4G 可以在 DSL 和有线电视调制解调器没有覆盖的地方部署,然后再扩展到整个地区。很明显,4G 有着 3G 不可比拟的优越性。随着移动通信市场的发展,用户对更高性能的移动通信系统提出了需求,希望享受更为丰富的通信业务和更为高速的通信网络;特别是三网融合的发展,为 4G 技术的商用奠定了基础。

7.5.2　4G 无线通信目标

①提供更高的传输速率（室内为 100Mbps～1Gbps,室外步行为数十至数百兆比特每秒,车速为数十兆比特每秒,信道射频带宽为数十兆赫兹,频谱效率为数十比特率每赫兹）。

②支持更高的终端移动速度（250km/h）。

③全 IP 网络架构、承载与控制分离。

④提供无处不在的服务、异构网络协同。

⑤提供更为丰富的分组多媒体业务。

7.5.3 4G 系统网络结构

4G 移动系统网络结构可分为三层：物理网络层、中间环境层、应用网络层。物理网络层提供接入和路由选择功能。中间环境层的功能有 QoS 映射、地址变换和安全性管理等。物理网络层与中间环境层及其应用环境之间的接口是开放的，这使发展和提供新的应用及服务变得更为容易，提供无缝高数据率的无线服务，并运行于多个频带。

7.5.4 4G 关键技术

①OFDM 多载波技术。

②MIMO 多天线技术。

③OTDM 链路自适应技术。

④SA 智能天线技术。

7.5.5 4G 主要优势

①通信速度更快。

②网络频谱更宽。

③通信更加灵活。

④智能性能更高。

⑤兼容性能更优秀。

⑥提供各种增值服务。

⑦实现更高质量的多媒体通信。

⑧频谱使用效率更高。

⑨通信费用更加便宜。

7.5.6 4G 技术标准

国际电信联盟(ITU)已经将 WiMax、HSPA＋、LTE 正式纳入到 4G 标准中，加上之前就已经确定的 LTE-Advanced 和 WirelessMAN-Advanced 这两种标准，目前 4G 标准已经达到了 5 种。

1. LTE

长期演进(Long Term Evolution，LTE)项目是 3G 的演进，它改进并提高了 3G 的空中接入技术，采用 OFDM 和 MIMO 作为其无线网络演进的唯一标准。主要特点是在

20MHz 频谱带宽下能够提供下行 100Mbps 与上行 50Mbps 的峰值速率,相对于 3G 网络大大地增加了小区的容量,同时将网络延迟大大降低:内部单向传输时延低于 5ms,控制平面睡眠状态到激活状态迁移时间低于 50ms,从驻留状态到激活状态的迁移时间小于 100ms。并且这一标准也是 3GPP 长期演进(LTE)项目,是近两年来 3GPP 启动的最大的新技术研发项目。

由于目前的 WCDMA 网络的升级版 HSPA 和 HSPA＋均能够演化到 LTE 这一状态,包括中国自主的 TD-SCDMA 网络也将绕过 HSPA 直接向 LTE 演进,所以这一 4G 标准获得了最大的支持,也是 4G 标准的主流。该网络提供媲美固定宽带的网速和移动网络的切换速度,网络浏览速度大大提升。

2. LTE-Advanced

从字面上看,LTE-Advanced 就是 LTE 技术的升级版,那么为何两种标准都能够成为 4G 标准呢? LTE-Advanced 的正式名称为 Further Advancements for E-UTRA,它满足 ITU-R 的 IMT-Advanced 技术征集的需求,是 3GPP 形成欧洲 IMT-Advanced 技术提案的一个重要组成。LTE-Advanced 是一个后向兼容的技术,完全兼容 LTE,是演进而不是革命,相当于 HSPA 和 WCDMA 这样的关系。LTE-Advanced 的相关特性如下:

①带宽:100MHz;

②峰值速率:下行 1Gbps,上行 500Mbps;

③峰值频谱效率:下行 30bps/Hz,上行 15bps/Hz;

④针对室内环境进行优化;

⑤有效支持新频段和大带宽应用;

⑥峰值速率大幅提高。

如果严格地讲,LTE 作为 3.9G 移动互联网技术,那么 LTE-Advanced 作为 4G 标准更加确切一些。LTE-Advanced 的入围,包含 TDD 和 FDD 两种制式,其中 TD-SCDMA 能够进化到 TDD 制式,而 WCDMA 网络能够进化到 FDD 制式。移动主导的 TD-SCDMA 网络能够直接绕过 HSPA＋网络而直接进入到 LTE。

3. WiMax

WiMax(Worldwide Interoperability for Microwave Access),即全球微波互连接入,WiMax 的另一个名字是 IEEE802.16。WiMax 的技术起点较高,所能提供的最高接入速度是 70Mbps,这个速度是 3G 所能提供的宽带速度的 30 倍。对无线网络来说,这的确是一个惊人的进步。WiMax 逐步实现宽带业务的移动化,而 3G 则实现移动业务的宽带化,两种网络的融合程度会越来越高,这也是未来移动世界和固定网络的融合趋势。

802.16 工作的频段采用的是无须授权频段,范围为 2～66GHz,而 802.16a 则是一种采用 2～11GHz 无须授权频段的宽带无线接入系统,其频道带宽可根据需求在 1.5～20MHz 范围进行调整,目前 IEEE802.16m 正在研发,这是一种能更好地在高速移动下无缝切换的技术。除此之外,802.16 能使用的频谱资源可能比其他任何无线技术更丰富。WiMax 具有以下优点：

①对于已知的干扰，窄的信道带宽有利于避开干扰，而且有利于节省频谱资源。

②灵活的带宽调整能力，有利于运营商或用户协调频谱资源。

③WiMax 所能实现的 50km 的无线信号传输距离是无线局域网所不能比拟的，网络覆盖面积是 3G 发射塔的 10 倍，只要少数基站建设就能实现全城覆盖，能够使无线网络的覆盖面积大大增加。不过 WiMax 网络虽然在网络覆盖面积和网络的带宽上优势巨大，但是其移动性却有着先天的缺陷，无法实现高速（>50km/h）下网络的无缝链接，从这个意义上讲，WiMax 还无法达到 3G 网络的水平，严格地说并不能算作移动通信技术，而仅仅是无线局域网的技术。但是 WiMax 的希望在于 IEEE802.16m 技术上，该技术将能够有效地解决这些问题，也正是因为有中国移动、英特尔、Sprint 各大厂商的积极参与，WiMax 成为呼声仅次于 LTE 的 4G 网络。

4. HSPA＋

HSPA＋：HSDPA（High Speed Downlink Packet Access）是高速下行链路分组接入技术，而 HSUPA 即为高速上行链路分组接入技术，两者合称为 HSPA 技术，HSPA＋是 HSPA 的衍生版，能够在 HSPA 网络上进行改造而升级到该网络，是一种经济而高效的 4G 网络。从上文我们也可以了解到，HSPA＋符合 LTE 的长期演化规范，将作为 4G 网络标准与其他的 4G 网络同时存在，它将很有利于目前全世界范围的 WCDMA 网络和 HSPA 网络的升级与过渡，成本上的优势很明显。对比 HSPA 网络，HSPA＋在室内吞吐量约提高 12.58%，室外小区吞吐量约提高 32.4%，能够适应高速网络下的数据处理，将是短期内 4G 标准的理想选择。目前联通已经在着手相关的规划，T-Mobile 也开通了这个 4G 网络，但是由于 4G 标准并没有被 ITU 完全确定下来，所以动作并不大。

5. WirelessMAN-Advanced

WirelessMAN-Advanced 就是 WiMax 的升级版。802.16 系列标准在 IEEE 正式称为 WirelessMAN，而 IEEE802.16m 即为 WirelessMAN-Advanced。802.16m 最高可以提供 1Gbps 无线传输速率，还兼容 4G 无线网络。802.16m 可在"漫游"模式或高效率/强信号模式下提供 1Gbps 的下行速率。该标准还支持"高移动"模式，能够提供 1Gbps 速率。其优势如下：

①提高网络覆盖，改建链路预算；

②提高频谱效率；

③低时延 & QoS 增强；

④低功耗。

目前的 WirelessMAN-Advanced 有 5 种网络数据规格，其中极低速率数据为 16Kbps，低速率数据及低速多媒体为 144Kbps，中速多媒体为 2Mbps，高速多媒体为 30Mbps，超高速多媒体则达到了 30Mbps～1Gbps。

7.5.7　任务小结

本章介绍了 4G 与前 3 代通信网络的区别,通过学习李雷了解了 4G 通信的目标、网络结构、关键技术及优势。

学习项目八 交换系统

8.1 任务一 交换系统分类及特点

知识目标:了解交换系统的概念及原理
能力目标:了解电路交换、报文交换、分组交换的工作原理及特点
素质目标:掌握电路交换、报文交换、分组交换
教学重点:分组交换原理、优缺点;软交换的核心技术
教学难点:分组交换方式、特点;软交换的应用

8.1.1 任务描述

通过通信网络的学习,李雷觉得交换是通信中必不可少的一部分。老师建议他对交换系统进行学习。

传输系统是通信网络的神经系统,交换系统则是各个神经的中枢,它在通信网络中担负着建立信源和信宿之间信息连接桥梁的作用,其核心设备是交换机。为了使通信网络资源得到合理利用,为了能够给信源和信宿间提供经济、快速、灵活、可靠的连接,根据信源和信宿之间传输信息的种类不同,交换系统主要分为电路交换、报文交换和分组交换系统。

8.1.2 电路交换

1. 工作原理

电路交换是在通信网中任意两个或多个用户终端之间建立电路暂时连接的交换方式,暂时连接独占一条电路并保持到连接释放为止。利用电路交换进行数据通信或电话通信必须经历建立电路阶段、传送数据(或语音阶段)和拆除电路阶段三个阶段,因此电路交换属于电路资源预分配系统。电路交换系统有空分交换和时分交换两种交换方式。

(1)空分交换,是入线在空间位置上选择出线并建立连接的交换。最直观的例子就是人工交换机话务员将塞绳的一端连接到入线塞孔,并根据主叫的要求把塞绳的另一端连接到被叫的出线塞孔上。空分交换基本原理可归纳为以 n 条入线通过 $n \times m$ 接点矩阵选

择到 m 条出线或某一指定出线,但接点在同一时间只能为一次呼叫利用,直到通信结束才释放。

(2)时分交换,是把时间划分为若干互不重叠的时隙,由不同的时隙建立不同的子信道,通过时隙交换网络完成语音的时隙搬移,从而实现入线和出线间信息交换的一种交换方式。它是时分多路复用(TDM)技术在交换网络中的具体应用。

2. 电路交换的特点

电路交换的特点是可提供一次性无间断信道。当电路接通以后,用户终端面对的电路类似于专线电路,交换机的控制电路不再干预信息的传输,也就是给用户提供了完全"透明"的信号通路。显然,在利用电路交换进行通信时,存在着两个限制条件:首先,在进行信息传送时,通信双方必须处于同时激活可用状态;其次,两个站之间的通信资源必须可用,而且必须专用。另外,电路交换还有其他一些特点:

(1)呼叫建立时间长,并且存在呼损。在通信双方所在的两节点之间(中间可能有若干个节点)建立一条专用信道所花的时间称为呼叫建立时间。在电路建立过程中,若由于交换网繁忙等原因而使建立失败,对于交换网则要拆除已建立的部分电路,用户需要挂断重拨,这叫呼损。过负荷时呼损率提高,但不影响接通的用户。

(2)对传送的信息不进行差错控制。电路连通后提供给用户的是"透明通道",即交换网对用户信息的编码方法、信息格式以及传输控制程序等都不加以限制,但对通信双方来说,必须做到双方的收发速度、编码方法、信息格式以及传输控制等完全一致才能完成通信。

(3)对通信信息不做任何处理,原封不动地传送(信令除外)。一旦电路建立后,数据以固定的速率传输。除通过传输通道形成的传播延迟以外,没有其他延迟。在每个节点上的延迟很小,因此延迟完全可以忽略。它适用于实时、大批量、连续的数据传输。

(4)线路利用率低。从电路建立到进行数据传输,直至通信链路拆除,通道都是专用的,再加上通信建立时间、拆除时间和呼损,其线路利用率较低。

(5)通信用户间必须建立专用的物理连接通路。通信前建立的连接过程只要不释放,物理连接就永远保持。物理连接的任一部分出现问题,都会引起通信中断。只有建立、释放时间短,才能体现高效率。

(6)实时性较好。每一个终端发起呼叫或出现其他动作,系统都能够及时发现并做出相应的处理。

8.1.3 报文交换

1. 报文交换的原理

报文交换又称为存储转发交换。与电路交换的原理不同,报文交换不需要提供通信双方的物理连接,而是将所接收的报文暂时存储。报文中除了用户要传送的信息以外,还有目的地址和源地址。交换节点要分析目的地址和选择路由,并在该路由上排队,等待有空闲电路时才发送到下一交换节点。报文交换可以进行速率、码型的变换,具有差错控制措施,可以发送多目的地址的报文,过负荷时则会导致时延的增加。

2. 报文交换的特点

报文交换是交换机对报文进行存储-转发,它适合于电报和电子函件业务。

(1)报文交换过程中,没有电路的接续过程,也不会把一条电路固定分配给一对用户使用。一条链路可进行多路复用,从而大大提高了链路的利用率。

(2)交换机以"*存储-转发*"方式传输数据信息,不但可以起到匹配输入输出传输速率的作用,易于实现各种不同类型终端之间的互通,而且还能起到防止呼叫阻塞、平滑通信业务量峰值的作用。

(3)不需要收、发两端同时处于激活状态。发端将报文全部发送至交换机存储起来,伺机转发出去,这就不存在呼损现象。而且也便于对报文实现多种功能服务,包括优先级处理、差错控制、信号恢复以及进行同报文通信(指同一报文经交换机复制转发到不同的接收端的一种通信方式)等。

(4)传送信息通过交换网的时延较大,时延变化也大,不适用于交互型实时业务。

(5)对设备要求较高。交换机必须具有大容量存储,高速处理和分析报文的能力。

8.1.4 分组交换

1. 分组交换原理

分组交换是从报文交换发展而来的,它采用了报文交换的"存储-转发"技术。不同之处在于:分组交换是将用户要传送的信息分割为若干个分组,每个分组中有一个分组头,含有可供选路的信息和其他控制信息。分组交换节点对所收到的各个分组分别处理,按其中的选路信息选择去向,以发送到能到达目的地的下一个交换节点。

2. 分组交换方式

为适应不同业务的要求,分组交换可提供虚电路方式与数据报方式两种服务方式。

(1)虚电路方式

虚电路方式是面向连接的方式,即在用户数据传送前,先通过发送呼叫请求分组建立端到端的虚电路;一旦虚电路建立后,属于同一呼叫的数据分组均沿着这一虚电路传送,最后通过呼叫清除分组来拆除虚电路。虚电路的连接方式有以下特点:

①虚电路不同于电路交换中的物理连接,而是逻辑连接。虚电路并不独占线路,在一条物理线路上可以同时建立多个虚电路,以达到资源共享。虚电路有两种:通过用户发送呼叫请求分组来建立的虚电路称为交换虚电路;应用户预约,由网络运营者为之建立固定的虚电路,不需要在呼叫时临时建立虚电路而可直接进入数据传送阶段,这种虚电路称为永久虚电路。

②虚电路方式的每个分组头中含有对应于所建立的逻辑信道的标识,不需进行复杂的选路;传送时,属于同一呼叫的各分组在同一条虚电路上传送,按原有的顺序到达终点,不会产生失序现象。虚电路方式对故障较为敏感,当传输链路或交换节点发生故障时,可

能引起虚电路的中断,需要重新建立虚电路。

③虚电路方式适用于较连续的数据流传送,如文件传送、传真业务等。

(2)数据报方式

①数据报方式不需要预先建立逻辑连接,称为无连接方式。

②数据报方式的每个分组头中含有详细的目的地址,各个分组独立地进行选路;传送时,属于同一呼叫的各分组可从不同的路由转送,会引起失序。由于各个分组可选择不同的路由,对故障的防卫能力较强,从而可靠性较高。

③数据报方式适用于面向事物的询问/响应型数据业务。

3.分组交换的特点

(1)分组交换的主要优点

①信息的传输时延较小,而且变化不大,能较好地满足交互型通信的实时性要求。

②易于实现链路的统计,时分多路复用提高了链路的利用率。

③容易营造灵活的通信环境,便于在传输速率、信息格式、编码类型、同步方式以及通信规程等方面都不相同的数据终端之间实现互通。

④可靠性高。分组作为独立的传输实体,便于实现差错控制,从而大大地降低了数据信息在分组交换网中的传输误码率,一般可达 10^{-10} 以下。

⑤经济性好。信息以“分组”为单位在交换机中进行存储和处理,节省了交换机的存储容量,提高了利用率,降低了通信的费用。

(2)分组交换的主要缺点

①网络附加的信息较多,影响了分组交换的传输效率。

②实现技术复杂。交换机要对各种类型的分组进行分析处理,这就要求交换机具有较强的处理功能。

4.软交换(分组交换的应用之一)

这里之所以要提到软交换这一技术,是因为从字面上看,它容易被误当作交换系统中的一类,实际上从交换系统的分类与软交换的定义来看,软交换只是分组交换系统的一个应用(正如程控交换只是电路交换的一个应用一样),而不能作为交换系统的一个分类。软交换是一种提供呼叫控制功能的软件实体,是在 IP 电话基础上由电路交换向分组交换演进的过程中逐步完善的,它采用分组交换作为其业务的统一承载平台。作为分组交换网络与传统 PSTN 网络融合的全新解决方案,它支持所有现有的电话功能及新型会话式多媒体业务,它采用标准协议,如 SIP、H. 323、MGCP、MEGACO/H. 248、SIGTRAN 等,它实现了不同厂商设备间的互操作,它与一种或多种组件配套使用,如媒体网关、信令网关、特性服务器、应用服务器、媒体服务器、收费/计费接口等。软交换技术是 NGN 中语音部分即下一代电话业务网(包括固定网、移动网)中的核心技术,它在 NGN 网络结构中的位置如图 8.1 所示。

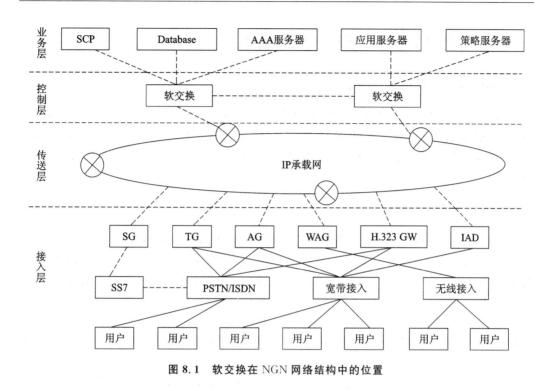

图 8.1　软交换在 NGN 网络结构中的位置

8.1.5　任务小结

本章介绍了电路交换、报文交换、分组交换的工作原理及特点。通过学习李雷掌握了交换系统分类及特点。

8.2　任务二　电路交换设备的功能及构成

知识目标：了解电话交换机、程控数字交换机构成及基本功能

能力目标：了解程控数字交换机功能原理；了解程控数字交换机硬件、软件的组成

素质目标：掌握程控数字交换机的基本功能、构成

教学重点：程控数字交换机原理、基本功能及构成

教学难点：程控数字交换机基本功能；程控数字交换机的软、硬件

8.2.1　任务描述

李雷想了解程控交换机及电话交换机的基本功能。老师建议他学习电路交换设备的功能及构成。

8.2.2　电话交换机的任务、功能及组成

1. 电话交换机的任务及功能

电话交换机的基本任务是完成任意两个电话用户之间的通话接续。为了完成这一任务，交换机必须具有下列功能：呼叫检出、接收被叫号码、对被叫进行忙闲测试、向被叫振铃、向主叫送回铃音、被叫应答，接通话路、双方通话，及时发现话终、进行拆线，使话路复原。

2. 电话交换机系统构成

交换机系统由进行通话的话路系统和连接话路的控制系统构成。

（1）话路系统包括用户电路、设备、交换网络、出中继器、入中继器、绳路及具有监视功能的信号。话路系统的构成方式有空分方式和时分方式两种。空分方式传送模拟信号，时分方式传送数字信号。

（2）控制系统包括译码、忙闲测试、路由选择、链路选试、驱动控制、计费等设备。控制系统的控制方式有布线逻辑控制方式（简称布控方式）和存储程序控制方式（简称程控方式）。

布控方式的控制电路很复杂，专用性较强，要想增加新的功能，开放新的业务，就必须改变电路，增加设备。程控方式是用预先存储在计算机中的程序来控制和处理交换接续，要改变交换系统功能，增加新业务，往往只要通过修改程序或数据就能实现。

8.2.3　程控数字交换机功能

程控数字交换机的特点是将程控、时分、数字技术融合在一起，因此，时分程控数字交换机比其他制式的交换机有更多的优点，得到广泛的应用。

1. 程控数字交换原理

程控数字交换机是直接交换数字化的语音信号。欲达到数字信号交换的目的，必须做到在不同话路时隙发送和接收信号。只有这两个方向的交换同时建立起来，才能完成数字语音信号的交换。实现这个功能要依靠数字交换设备。数字交换实质上就是把PCM系统有关的时隙内容在时间位置上进行搬移，因此也叫作时隙交换。

数字交换网络由时间（T）接线器和空间（S）接线器组成，能够将任何输入PCM复用线上的任一时隙交换到任何输出PCM复用线上的任一时隙中去。采用时间（T）型接线器，可以在同一条PCM总线的不同时隙之间进行交换；采用空间（S）型接线器，可以在不同PCM总线的同一时隙之间进行交换；采用TST或STS型交换网络，可以在不同PCM总线的不同时隙之间进行交换。

2. 程控数字交换机的基市功能

程控数字交换机系统所具有的基本功能包含检测终端状态、收集终端信息和向终端

传送信息的信令与终端接口功能,交换接续功能和控制功能。

(1)信令与终端接口功能

交换机的终端有用户话机、计算机、话务台,以及与其他交换机相连接的模拟中继线和数字中继线。这些终端设备与交换机相连接时,必须具有相应的接口电路及信号方式。对于数字交换系统来讲,进入交换网络的必须是数字信号。这就要求接口电路应具有模/数(A/D)转换功能和数/模(D/A)转换功能。

对于各种不同的外围环境要有不同的接口。如终端是模拟用户话机,就应有模拟用户接口。在模拟用户接口电路中应具有二/四线转换功能以及 A/D 和 D/A 的转换功能。若外围环境是连接的模拟中继线,就应有模拟中继接口。

若终端是数字用户,就应有数字用户接口,若是数字中继线,就应有数字中继接口。在数字接口电路中,不需进行 A/D 和 D/A 变换,但对信息的传输速率要进行适配。

为了建立用户间的信息交换通道,就要传递各自的状态信息。这些状态信息有呼叫请求与释放信息、地址信息和忙闲信息。它们都以信令的方式通过终端接口进行传递。所以不同的接口电路配以不同的信令。

(2)交换接续功能

对于电路交换而言,交换机的功能就是为两个通话用户建立一条语音通路,这就是交换机的交换接续功能。

交换接续功能是由交换网络实现的。空分交换机使用空分的交换网络,完成模拟信号的空间交换任务。数字交换机使用数字交换网络,通过语音存储器完成时隙交换任务。

(3)控制功能

上述的信令与终端接口功能和交换接续功能都是在控制功能的指令下进行工作的。控制功能可分为低层控制和高层控制。低层控制主要是指对连接功能和信令功能的控制即扫描与驱动:扫描用来发现外部事件的发生或信令的到来,驱动控制通路的连接、信令的发送或终端接口的状态变化。高层控制是指与硬件设备隔离的高一层呼叫控制,例如对所接收的号码进行数字分析,在交换网络中选择一条空闲的通路等。

8.2.4　程控数字交换机构成

为了实现上述功能,数字交换机的硬件系统应包括话路系统和控制系统和外围设备。交换机的软件系统则包括运行软件和支援软件。

1.硬件系统

程控数字交换机硬件系统由话路系统、控制系统、外围设备组成。

(1)话路系统

话路系统由用户模块、远端用户模块、选组级(数字交换网络)、各种中继接口、信号部件等组成。用户模块是模拟用户终端与数字交换网络(选组级)之间的接口电路,由用户电路和用户集线器组成。用户模块的主要作用是对用户线提供接口设备,将用户话机的模拟语音信号转换成数字信号,并将每个用户所发出的较小的呼叫话务量进行集中,然后送到数字交换网络,从而提高用户级和数字交换网络之间链路的利用率。

（2）控制系统

控制系统一般可分为三级：

第一级：电话外设控制级，它对靠近交换网络及其他电话外设部分进行控制。

第二级：呼叫处理控制级，它是整个交换机的核心，对第一级送来的信息进行分析、处理，又通过第一级发送命令来控制交换机的路由接续或复原。这一级的控制部分有较强的智能性，所以这级称为存储程序控制。

第三级：维护测试级，用于操作维护和测试，包括人机通信功能。这一级要求更强的智能性，所以需要很多的软件控制。

这三级的划分可以是"虚拟"的，只反映控制系统程序的内部分工；也可以是"实际"的，即分别设置专用或通用的处理机来分别完成不同的功能。

（3）外围设备

外围设备较多，主要有：

①磁带机或磁盘机，可作为后备系统，用于存储统计数据、话单计费系统等。

②维护终端设备，包括可视显示单元、键盘及打印设备，是日常维护管理的关键设备。

③测试设备，包括局内测试设备、用户线路测试设备和局间中继线路测试设备等。

④时钟，为了程控交换机和数字传输系统的协调工作，程控交换机系统必须配置时钟设备。为使各程控局的时钟信号同步，在各程控局必须配置网同步设备。

⑤录音通知设备，用于交换局中需要语音通知的业务（例如气象预报、空号或更改号用户的代答业务等）。

⑥监视告警设备，用于系统工作状态异常的告警，一般均设有可视（灯光）信号和可闻（警铃、蜂音）信号。

2. 软件系统

程控交换机的软件系统由运行软件和支援软件两大类组成。

（1）运行软件

运行软件是交换机在运行中直接使用的软件。它可分成系统程序和应用程序。

①系统程序是交换机硬件同应用程序之间的接口。它包括内部调度程序，输入/输出处理程序，以及资源调度和分配、处理机间通信管理、系统监视和故障处理、人机通信等程序。

②应用程序包含有呼叫处理、用户线及中继线测试、业务变更处理、故障检测、诊断定位等程序。

（2）支援软件

支援软件是用来开发、生成和修改交换机的软件，以及开通时的测试程序。支援软件包括编译程序，连接装配程序，调试程序，以及局数据生成、用户数据生成等程序。

为了保证交换机的业务不间断，则要求软件应具有安全可靠性、可维护性、可扩充性。交换机的软件不仅应能够完成呼叫处理，还应具有完善的维护和管理功能。

8.2.5　任务小结

本章介绍了电话交换机、程控数字交换机构成及基本功能。李雷通过学习了解到了电话交换机及程控数字交换机所需要的设备。

8.3　任务三　分组交换技术的应用及特点

知识目标：了解分组交换的概念及常用的形式
能力目标：了解分组交换的几种技术及设备
素质目标：掌握分组交换技术的应用及特点
教学重点：异步传输模式、多协议标记交换的特点
教学难点：分组交换技术在传输模式及协议上的应用及特点

8.3.1　任务描述

数据分组交换技术在不断发展,李雷想了解分组技术,老师建议他学习分组交换。

8.3.2　X.25 分组交换

公用分组交换网络是采用分组交换技术,给用户提供低速数据业务的数据通信网。1976 年,CCITT 正式公布了著名的 X.25 建议,为公用数据通信的发展奠定了基础。X.25建议是数据终端设备(DTE)与数据电路终端设备(DCE)之间的接口协议,它使得不同的数据终端设备能接入不同的分组交换网。由于 X.25 协议是分组交换网中最主要的一个协议,因此,有时把分组交换网又叫作 X.25 网。原 CCITT 也规定了分组交换网国际互联网间接口的 X.75 协议。很多厂商就在 X.25 或 X.75 的基础上制定了其网内协议。

8.3.3　帧中继

1.帧中继技术特点

帧中继是分组交换网的升级换代技术。帧中继是以分组交换技术为基础的,与 X.25 协议相比,帧中继仅提供物理层和数据链路层的功能,不再进行逐段流量控制和差错控制,在使用简化分组交换传输协议相关信息的前提下,大大提高了网络传输效率,以帧为单位进行数据传输与交换。

同 X.25 分组交换技术相比,它具有下列特点:

①网络资源利用率高。帧中继技术继承了 X.25 分组交换统计复用的特点,通过在一条物理链路上复用多条虚电路,在用户间动态地按需分配带宽资源,提高了网络资源利用率。

②传输速率快。帧中继技术大大简化了 X.25 通信协议,网络在信息处理上只检错、不纠错,发现出错帧就予以丢弃,将端到端的流量控制交给用户终端来完成,减轻了网络交换机的处理负担,减小了用户信息的端到端传输时延,提高了传输速率并增大了数据吞吐量。

③费用低廉。帧中继技术为用户提供了一种优惠的计费政策,即按照承诺的信息速率(CIR)来收费;同时,允许用户传送高于 CIR 的数据信息,这部分信息在网络空闲时予以传送,拥塞时予以丢弃,传送不收费。

④兼容性好。帧中继技术兼容 X.25、CP/IP 等多种网络协议,可为各种网络提供灵活、快速、稳定的连接。

⑤组网功能强。帧中继技术不是以分组为单位,而是以帧为单位进行数据传输。在帧中继技术中,帧的长度较长(可达 4096Byte),在传送长度为 1500Byte 左右的较长帧局域网数据信息时,效率较高,适合于实现局域网互连。

2. 帧中继交换机

(1)帧中继交换机的分类

在帧中继技术、信元中继技术和异步传输模式(ATM)技术的发展过程中,帧中继交换机的内部结构也在不断改变,业务性能进一步提高,并逐步向 ATM 过渡。目前,帧中继交换机大致有以下三类:

①改装型 X.25 分组交换机。通过改装分组交换机和增加软件功能,使交换机具有发送和接收帧的能力。但此类交换机仍保留了第三层的一些功能,早期的帧中继交换机主要是这样做的。

②采用全新的帧中继结构设计的新型交换机。此类交换机指专门设计的、具有纯帧中继功能的交换机。

③采用信元中继、ATM 技术且支持帧中继接口的 ATM 交换机。此类交换机是最新型的交换机,采用信元中继或 ATM 技术,具有帧中继和 ATM 接口,内部完成 ATM 和 FR 的互通,在以 ATM 为主的骨干网络中起着用户接入的作用,实际上就是 ATM 接入交换机。

(2)帧中继交换机的特性

①帧中继交换机具有三种类型的接口:用户接入接口、中继接口和网管接口。其中,用户接入接口用于帧中继用户的接入,支持标准的 FRUNI 接口;中继接口用于和其他帧交换机的连接,支持标准的 FRNNI 接口;网管接口用于网络的维护管理。

②具有业务分级管理的功能,确保业务的提供。

③具有宽带管理功能,根据连接的承诺信息速率按比例分配带宽,在不降低系统性能的前提下,尽可能传输更多的数据。

④具有用户线管理、中继管理、路由管理和永久虚电路(PVC)状态管理功能,支持永久虚电路(PVC)和交换虚电路(SVC)连接,具有自动节点间路由和连接管理能力。

⑤具有拥塞管理功能,避免网络设备处于一种拥塞的失控状态,确保网络连接在最优状态下运行。

⑥具有信令处理能力,能完成 FRUNI、FRNNI 接口之间的信令处理和传输。

⑦具有用户选用业务处理能力。交换机除提供基本业务(PVC、SVC)之外,还提供一些用户选用业务。

⑧具有网管控制信息通信功能,能与网管中心之间互发信息,并具有转接其他交换机网管信息的能力。

⑨具有网络同步能力,能够与其他网络互连互通。

8.3.4　异步传输模式(ATM)

异步传输模式(ATM)通信网是实现高速、宽带传输多种通信业务的现代数据通信网形式之一。ATM 是 ITU-T 确定用于宽带综合业务数字网(B-ISDN)的复用、传输和交换模式技术。

(1)ATM 在综合了电路交换和分组交换优点的同时,解决了电路交换方式中网络资源利用率低、分组交换方式信息时延大和抖动的问题,可以把语音、数据、图像和视像等各种信息进行一元化的处理、加工、传输和交换,大大提高了网络的效率。ATM 构成的网络具有综合处理信息的能力,在现代通信网中占有十分重要的地位。

(2)ATM 实现高速、高服务质量的信息交换和灵活的带宽分配,并适应从很低速率到很高速率的带宽业务。其交换技术的特点如下:

①采用面向连接的工作方式,通过建立虚电路来进行数据传输,同时也支持无连接业务。

②采用固定长度的数据包,信元由 53 个字节组成,开头 5 个为信头,其余 48 个为信息域,或称净荷。信头简单,可减少处理开销。

③ATM 技术简化了网络功能与协议,取消了分组交换网络中逐段链路进行差错控制、流量控制的控制过程,将这些业务交由端到端之间的用户完成。网络流量控制与拥塞控制采用连接接纳控制(CAC)和应用参数控制(UPC)等合约式方法,并在网络出现拥塞时通过丢弃信元来缓解拥塞。

8.3.5　路由器

1.应用

(1)路由器是网络层的互连设备,用于连接多个逻辑上分开的网络,在网络层将数据包进行存储转发。它只接收源站或其他路由器的信息。路由器是连接 IP 网的核心设备。

(2)路由器主要用于网络连接,进行过滤、转发、优先、复用、加密、压缩等数据处理,以及配置管理、容错管理和性能管理等。

(3)路由器的功能分为数据通道功能和控制通道功能。数据通道功能用于完成每一个到达分组的转发处理,包括路由查表、向输出端传送分组和输出分组调度;控制通道功能用于系统的配置、管理及路由表维护。

2.路由器组成及分类

（1）路由器主要由输入/输出端口、交换机构、处理机组成。输入/输出端口连接与之相连的子网；交换机构在路由器内部连接输入与输出端口；处理机负责建立路由转发表。

（2）由于应用场合的不同，路由器可分为骨干路由器、企业路由器和接入路由器。骨干路由器用于连接各企业网；企业路由器用于互连大量的端系统；接入路由器用于传统方式连接拨号用户。

8.3.6　多协议标记交换（MPLS）

1.标记交换

标记交换是指标记路由器（LSR）根据标记转发数据。所谓标记是指一个数据头，它的格式是由网络的性质决定的。LSR 只需读标记就可以进行转发，而无须读网络层的数据包头。

MPLS 基本网络结构由标记边缘路由器（LER）和标记路由器（LSR）组成。

2.多协议标记交换的技术特点

MPLS 支持多种协议，可使不同网络的传输技术统一在 MPLS 平台上，实现多种网络的互连互通。对上，它可以支持 IPv4 和 IPv6 协议，以后将逐步扩展到支持多网络层协议；对下，它可以同时支持 X.25、ATM、帧中继、PPP、SDH、DWDM 等多种网络。MPLS是一种与链路层无关的技术。MPLS 的流量控制机制主要包括路由选择、负载均衡、路径备份、故障恢复、路径优先级碰撞等，在流量控制方面更优于传统的 IP 网络。它采纳ATM 的结构传输交换方式，抛弃了复杂的 ATM 信令，无缝地将 IP 技术的优点融合到了ATM 的高效硬件转发中，简化了控制过程。它支持大规模层次化的网络拓扑结构，具有极好的网络扩展性。

8.3.7　任务小结

本章介绍了分组交换技术的应用及特点。通过学习，李雷掌握了数据分组交换的技术、设备及应用。

学习项目九　其他通信网

9.1　任务一　用户接入网类型及应用

知识目标:了解用户接入网的功能

能力目标:了解接入网、有线接入网、无线接入网的功能

素质目标:掌握接入网的定界、传输媒质层

教学重点:有线接入网类型、无线接入网应用标准

教学难点:有线接入网及无线接入网的应用范围

9.1.1　任务描述

李雷对移动网络已经有所了解,但他不了解用户侧网络,老师建议他学习用户接入网。

9.1.2　接入网功能

接入网处于通信网的末端,直接与用户连接。它包括本地交换机与用户端设备之间的所有实施设备与线路,它可以部分或全部替代传统的用户本地线路网,可含复用、交叉连接和传输功能。

1.接入网的定界

从图 9.1 中可知,接入网所覆盖的范围由三个接口来定界,即网络侧经业务节点接口(SNI)与业务节点(SN)相连;用户侧经用户网络接口(UNI)与用户相连;管理方面则经 Q3 接口与电信管理网(TMN)相连。其中 SN 是提供业务的实体,是一种可以接入各种变换型和/或永久连接型通信业务的网络单元。

2.接入网的分层

为了便于网络设计与管理,接入网按垂直方向分解为电路层、传输通道层和传输媒质层三个独立的层次,其中每一层为其相邻的高阶层传送服务,同时又使用相邻的低阶层所提供的传送服务。

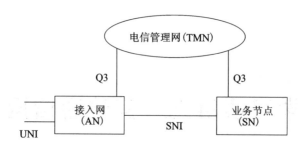

图 9.1　接入网的定界示意图

（1）电路层

电路层涉及电路层接入点之间的信息传递，并独立于传输通道层。电路层直接面向公用交换业务，并向用户直接提供通信业务。按照提供业务的不同又可以划分为不同的电路层。

（2）传输通道层

传输通道层涉及通道层接入点之间的信息传递，并只支持一个或多个电路层，为其提供传送服务，通道的建立可由交叉连接设备负责。

（3）传输媒质层

传输媒质层与传输媒质（如光缆、微波等）有关，它支持一个或多个通道层，为通道层节点之间提供合适的通道容量。若作进一步划分，该层又可细分为段层和物理层。

以上三层之间相互独立，相邻层之间符合客户/服务者的关系。这里所说的服务者是指提供传送服务的层面，客户是指使用传送服务的层面。例如，对于电路层与传输通道层来说，电路层为客户，传输通道层为服务者；而对于传输通道层与传输媒质层而言，传输通道层又变为客户，传输媒质层为服务者。

3. 接入网的功能

接入网的主要功能可分解为用户口功能（UPF）、业务口功能（SPF）、核心功能（CF）、传送功能（TF）和系统管理功能（AN-SMF）。

（1）用户口功能

用户口功能是将 UNI 的要求适配为核心功能和管理功能，即将电话、数据、传真、视像和多媒体等窄带和宽带接入业务进行 A/D 转换和信令转换、UNI 的激活/去激活、UNI 承载通路/容量的处理、UNI 的测试和 UPF 的维护及管理与控制。

（2）业务口功能

业务口功能是将 SNI 的要求适配为公共承载信道，并处理接入网管理系统中选择的信息。SPF 包括 SNI 功能的终接、将承载通路的要求和定时管理与操作要求映射进核心功能，还包括特定 SNI 所需的协议映射和 SNI 的测试、端口的维护及相关的管理与控制。

（3）核心功能

核心功能可分布在整个 AN 中，具体功能包括接入承载处理、承载通路的集中、信令与分组信息的复用、为 ATM 传送承载进行电路仿真以及管理和控制。

（4）传送功能

为 AN 不同地点之间公用承载通路的传送提供通道，同时也为所用传输媒质提供媒质适配、完成复用。具体功能有：复用、交叉连接、管理和物理媒质适配等。

（5）系统管理功能

协调 AN 内 UPF、SPF、CF 和 TF 的指配、操作和维护，同时也负责协调用户终端（经UNI）和业务节点（经 SNI）的操作。具体功能有：配置与控制；指配协调、故障检测与指示；用户信息和性能数据收集；安全控制；协调 UPF 和 SN（经 SNI）的即时管理和操作；资源管理。

9.1.3　有线接入网

有线接入网是用铜线（缆）、光缆、同轴电缆等作为传输媒介的接入网。目前主要有铜线接入网、光纤接入网、混合光纤/同轴电缆（HFC）接入网三类。

1.铜线接入网

多年来，通信网主要采用铜线（缆）用户线向用户提供电话业务，用户铜线（缆）网分布广泛且普及。为了进一步提高铜线传输速率，在接入网中使用了数字用户线（DSL）技术，以解决高速率数字信号在铜缆用户线上的传输问题。常用的 DSL 技术有高速率数字用户线（HDSL）和不对称数字用户线（ADSL）技术。

（1）高速率数字用户线（HDSL）技术采用了回波抵消和自适应均衡技术，延长基群信号传输距离。系统具有较强的抗干扰能力，对用户线路的质量差异有较强的适应性。

（2）不对称数字用户线（ADSL）技术可以实现在一对普通电话线上传送电话业务的同时，向用户单向提供 1.5～6Mbit/s 速率的业务，并带有反向低速数字控制信道，而且，ADSL 的不对称结构避免了 HDSL 方式的近端串音，从而延长了用户线的通信距离。

2.光纤接入网

（1）光纤接入网采用光纤作为主要的传输媒介来取代传统的双绞线。由于光纤上传送的是光信号，因而需要在交换局将电信号进行电/光转换变成光信号后再在光纤上进行传输。在用户端则要利用光网络单元（ONU）进行光/电转换，恢复成电信号后送至用户终端设备。

（2）根据承载的业务带宽不同，光纤接入网可以划分为窄带和宽带两种。

（3）根据网络单元位置的不同，光纤接入网可以划分为光纤到路边（FTTC）、光纤到大楼（FTTB）、光纤到户（FTTH）、光纤到办公室（FTTO 或 FTTZ）。

（4）根据是否有电源，光纤接入网可以划分为有源光网络（Active Optical Network，AON）和无源光网络（Passive Optical Network，PON）。有源光网络又可分为基于 SDH的有源光网络（AON）和基于 PDH 的有源光网络（AON）；无源光网络可分为窄带 PON（TPON 和 APON）和宽带 PON（EPON、GPON、10GPON）。

3.混合光纤/同轴电缆(HFC)接入网

(1)混合光纤/同轴电缆接入网是一种综合应用模拟和数字传输技术、同轴电缆和光缆技术、射频技术、高度分布式智能型的接入网络,是通信网和CATV网相结合的产物。

HFC接入网可传输多种业务,具有较为广阔的应用领域,尤其是目前,绝大多数用户终端均为模拟设备(如电视机),与HFC的传输方式能够较好地兼容。HFC接入网具有传输频带较宽、与目前的用户设备兼容、支持宽带业务、成本较低等特点。

(2)混合光纤/同轴电缆(HFC)接入网可以简单归纳为窄带无源光网络(PON)＋HFC混合接入、数字环路载波(DLC)＋单向HFC混合接入和有线＋无线混合接入三种方式。

9.1.4　无线接入网

无线接入网是一种部分或全部采用无线电波作为传输媒质来连接用户与交换中心的接入方式。它除了能向用户提供固定接入外,还能向用户提供移动接入。与有线接入网相比,无线接入网具有更大的使用灵活性和更强的抗灾变能力。按接入用户终端移动与否,可分为固定无线接入和移动无线接入两类。

1.固定无线接入

固定无线接入是一种用户终端固定的无线接入方式。其典型应用就是取代现有有线电话用户环路的无线本地环路系统。这种用无线通信(地面、卫星)等效取代有线电话用户线的接入方式,因为它的方便性和经济性,将从特殊用户应用(边远、岛屿、高山等)过渡到一般应用。需说明的是,无绳电话虽是通信终端(电话机)的一种使话机由固定变为移动的无线延伸装置,但它仍属于固定接入核心网,而且当前基本是有线接入。

固定无线接入的主要技术有LMDS、3.5GHz无线接入、MMDS、固定卫星接入技术、不可见光无线系统等。

2.移动无线接入

用户终端的移动无线接入有蜂窝通信网、移动卫星通信网和个人通信网3种类型。蜂窝通信网是一种广泛使用的公共地面移动通信系统,将其应用到接入网中,是理所当然的最佳选择;移动卫星通信网则是移动无线接入在广域网或国际通信网中应用之外的又一种应用;个人通信网是由数字移动网、ISDN和智能网综合而成的通信网,是未来接入网的理想手段。

移动无线接入的主要技术有GSM、CDMA、WCDMA和蓝牙技术等。

9.1.5　任务小结

本章介绍了用户接入网。通过学习,李雷掌握了用户接入网类型、所需要的介质及功能。

9.2 任务二 数字数据网的构成及应用

知识目标:了解数据网的概念、特点
能力目标:了解数据网的组成结构及业务类型
素质目标:掌握数据网特点、应用及开通的业务形式
教学重点:数据网的一般结构形式及业务类别
教学难点:数据网在专用电路上的业务类别

9.2.1 任务描述

李雷对用户侧接入网有了了解,他想对比一下数字数据网与用户侧接入网有什么区别。老师建议他学习数字数据网的构成、应用及特点。

9.2.2 数字数据网的特点

数字数据网(DDN)是利用数字信道传输数据的一种传输网络。它的传输媒介有光缆、数字微波、卫星信道,用户端可用普通的电缆和双绞线。

(1)DDN 向用户提供的是半永久性的数字连接,沿途不进行复杂的软件处理,因此时延较小,避免了分组交换网中传输时延大且不固定的问题的出现。DDN 采用数字交叉连接装置,可根据用户需要,在约定的时间内接通所需带宽的线路,信道容量的分配和接续在计算机控制下进行,且有较大的灵活性。

(2)DDN 利用数字信道传输数据信号。与传统的模拟信道相比,DDN 具有传输质量高、速度快、带宽利用率高等一系列优点。

①DDN 是同步数据传输网,传输质量高,传输误码率可达 10^{-11}。

②传输速率高,网络时延小。由于 DDN 采用了同步传送模式的数字时分复用技术,用户数据信息根据事先约定的协议,在固定的时隙以预先设定的通道带宽和速率,顺序地传输到目的终端,免去了目的终端对信息的重组,减小了时延。

③DDN 是任何规程都可以支持、不受约束的全透明传输网,可支持数据、图像、语音等多种业务。

④网络运行管理简便。DDN 将检错、纠错等功能放到智能化程度较高的终端来完成,因而简化了网络运行管理和监控的内容,这样也为用户参与网络管理创造了条件。

⑤DDN 对数据终端设备的数据传输速率没有特殊的要求。按目前的技术水平,数据传输速率从 45.5bit/s～1984Kbit/s 的数据终端都可以入网使用,而且用户所需的数据传输速率和信道带宽可根据需要灵活设置。

9.2.3　DDN 的组成和一般结构形式

1. DDN 的组成

数字数据传输系统主要由本地接入系统、复用及交叉连接系统、局间传输系统、网同步系统和网络管理系统五部分组成。

（1）本地接入系统

本地接入系统由用户设备、用户线和用户接入单元组成，其中的用户线和用户接入单元称为用户环路。

①用户设备发出的信号是用户的原始信号，可以是脉冲形式的数据信号、音频形式的语音和传真信号、数字形式的数据信号等。它们的共同特点是适于在用户设备中处理，而不适合在用户线上传输。常用的用户设备有数据终端设备（DTE）、个人计算机、工作站、窄带语音和数据多路复用器、可视电话机等。

②用户线指一般的市话用户使用的电缆或光缆。

③用户接入单元的作用是把用户端送入的原始信号转换成适合在用户线上传输的信号形式（如频带信号或基带信号等），并在可能的情况下，将几个用户设备的信号放在一对用户线上传输，以实现多路复用；然后由局端的相应设备或接口电路把它们还原成几个用户设备的信号或系统所要求的信号形式，再输入到节点进行下一步传输。网络接入单元可以是数据服务单元、信道服务单元和数据电路终端设备（DCE）。

（2）复用及交叉连接系统

①复用就是把多路信号集合在一起，共同占用一个物理传输介质。典型的复用方式有频分复用（FDM）和时分复用（TDM）两种。

②数字交叉连接系统（DCS）用于通信线路的交叉、调度及管理。它由同步电路、交叉连接和微机处理三个单元组成。同步电路为网络提供精确的定时信号，用于进行时隙校准；交叉连接负责完成时隙的交叉连接；微机处理用于管理内部和外部的操作。DCS 的主要功能是维持操作系统，处理输入的命令和内部中断，监测内部出错及告警信号并做出反应，以及执行时隙交叉并监视系统是否正常工作。

DCS 采用单级时隙交换结构。由于没有中间交换环节，因而就不存在中间阻塞路径，使得它对任何数量的 64Kbit/s 线路的交叉不会阻塞。DCS 可在极短的时间内对 NX64Kbit/s 和 2.048Mbit/s 的线路进行交换，并可对任意通道进行测试。DCS 可提供端到端的最优连接，使通信网的规划及传输线路的使用效率更高。

（3）局间传输系统

局间传输系统是指节点间的数字信道以及由各节点通过与数字信道建立的各种连接方式组成的网络拓扑。局间传输的数字信道通常是指数字传输系统中的基群（2.048Mbit/s）信道。网络拓扑结构是根据网络中各节点的信息流动流向，并考虑了网络的安全而组建的。网络安全是指对网络中的任意节点来说，一旦与和它相邻的节点相连接的一条数字信道发生故障或该相邻节点发生故障，该节点会自动启用与另一节点相连的数字信道并连接，以保证原通信的正常进行。

(4)网同步系统

网同步系统的任务是提供全网络设备工作的同步时钟,确保 DDN 全网设备的同步工作。网同步分为准同步、主从同步和互同步三种方式。DDN 通常采用主从同步方式。

(5)网络管理系统

DDN 的网络管理包括用户接入管理、网络资源的调度、路由选择、网络状态的监控、网络故障的诊断、告警与处理、网络运行数据的收集与统计,以及计费信息的收集与报告等。

2.DDN 的一般结构形式

DDN 节点类型在组网功能方面来说可分为 2M 节点、接入节点和用户节点三种类型。

(1)2M 节点用于网上的骨干节点,执行网络业务的转换功能,并提供 2Mbit/s(E1)接口,对 NX64Kbit/s 的信号进行复用和交叉连接。

(2)接入节点主要为 DDN 各类业务提供接入功能,对小于 NX64Kbit/s 的子速率信号进行复用和交叉连接,并提供帧中继业务和压缩语音/G3 传真业务。

(3)用户节点主要为 DDN 用户入网提供接口,并进行必要的协议转换。DDN 一般为分级网,在骨干网中设置若干枢纽局(汇接局),枢纽局间采用网状连接,枢纽节点具有 E1 数字通道的汇接功能和 E1 公共备用数字通道功能。非枢纽节点应至少与两个方向的节点连接,并至少与一个枢纽节点连接。根据网络的业务情况,DDN 网可以设置二级干线网和本地网。

9.2.4 DDN 网络业务类别

DDN 网主要为用户提供专用电路(包括规定速率的点到点或点到多点的数字专用电路和特定要求的专用电路)以及帧中继业务和压缩语音/G3 传真业务。

1.专用电路业务

DDN 为公用电信网内部提供中高速率、高质量点对点和点到多点的数字专用电路和租用电路业务。它应用于信令网和分组网上的数字通道,提供中高速数据业务、会议电视业务等。

DDN 提供的专用电路可以是永久性的,也可以是定时开放的。对要求高可靠性的用户,DDN 会留有一定的备用电路,这部分用户在网络故障时将优先自动切换到备用电路。

2.虚拟专用网(VPN)业务

数据用户可以租用公用 DDN 网的部分网络资源构成自己的专用网,即虚拟专用网。用户能够使用自己的网管设备对租用的网络资源进行调整和管理。

3.帧中继业务

帧中继业务将不同长度的用户数据封装在一个较大的帧内,加上寻址和校验信息,其传输速度可达 2.048Mbit/s。

4.压缩语音/G3 传真业务

压缩语音/G3 传真业务是通过在用户入网处设置语音服务模块（VSM）来提供的。VSM 的主要功能如下：

①提供电话机和小交换机（PBX）连接的 2/4 线模拟接口、语音压缩编码（如采用 ADPCM 或其他编码方式），将每路语音信号复用在一条信道上。

②每路语音信号占用的速率为 8Kbit/s、16Kbit/s、32Kbit/s 等。

③使模拟接口的信令和复用信道上的信令相互转换。

④可能要对每条语音压缩电路附加传递信令信息的通路。

⑤G3 传真信号的识别和压缩语音/G3 传真业务的倒换控制等。

9.2.5   任务小结

通过对数据网的学习，李雷对数据网特点、应用及开通的业务形式有了一定的掌握。

9.3   任务三   计算机网络的内容

知识目标:了解计算机网络的功能、类别、组成
能力目标:通过了解计算机网络来了解 IP 电话及影响因素
素质目标:掌握计算机网络的应用范围
教学重点:计算机网络分类、网络拓扑结构的划分
教学难点:计算机网络资源子网、通信子网及 IP 电话

9.3.1   任务描述

计算机网络在快速发展，李雷想了解它与移动通信网络的不同，老师建议他学习计算机网络相关内容及与 IP 电话的关系。

9.3.2   计算机网络的功能

计算机网络的主要功能是共享资源，具体功能随应用环境和现实条件的不同大体如下。

1.可实现资源共享

资源共享是计算机网络最有吸引力的功能，指的是网上用户能部分或全部地利用这些资源。通过资源共享，消除了用户使用计算机资源所受的地理位置限制，也避免了资源的重复设置所造成的浪费。

在计算机网络中，"资源"就是网络中所包含的硬件、软件和数据。硬件资源有处理

机、内(外)存储器和输入输出设备等,它是共享其他资源的基础。软件资源是指各种语言处理程序、服务应用程序等。数据则包括各种数据文件和数据库中的数据等。

2.提高了系统的可靠性

一般来说,计算机网络中的资源是重复设置的,它们被分布在不同的位置上。这样,即使发生少量资源失效的现象,用户仍可以通过网络中的不同路由访问到所需的同类资源,不会引起系统的瘫痪,提高了系统的可靠性。

3.有利于均衡负荷

通过合理的网络管理,将某时刻计算机上处于超负荷的任务分送给别的轻负荷的计算机去处理,达到均衡负荷的目的。对地域跨度大的远程网络来说,充分利用时差因素来达到均衡负荷尤为重要。

4.提供了非常灵活的工作环境

用户可在任何有条件的地点将终端与计算机网络连通,及时处理各种信息,作出决策。

9.3.3　计算机网络的分类

计算机通信网是一种地理上分散的、具有独立功能的多台计算机通过通信设备和线路连接起来,在配有相应的网络软件(网络协议、操作系统等)的情况下实现资源共享的系统。

1.按网络覆盖范围划分

按网络覆盖范围划分,计算机网络可分为局域网、城域网和广域网三大类,国际互联网属于广域网。

(1)局域网的覆盖面小,传输距离常在数百米左右,限于一幢楼房或一个单位内。主机或工作站用 10～1000Mbit/s 的高速通信线路相连。网络拓扑多用简单的总线或环形结构,也可采用星形结构。

(2)城域网的作用范围是一个城市,距离常在 10～150km 之间。由于城域网采用了具有有源交换元件的局域网技术,故网中时延较小,通信距离也加大了。城域网是一种扩展了覆盖面的宽带局域网,其数据传输速率较高,在 2Mbit/s 以上,乃至数百兆比特每秒。网络拓扑多为树形结构。

(3)广域网的主要特点是进行远距离(几十到几千公里)通信,又称远程网。广域网传输时延大(尤其是国际卫星分组交换网),信道容量较低,数据传输速率在 2Mbit/s～10Gbit/s 之间。网络拓扑设计主要考虑其可靠性和安全性。

2.按网络拓扑结构划分

按网络拓扑结构划分,计算机网络可分为:星形、环形、网形、树形和总线型结构。

(1)星形结构比较简单,容易建网,便于管理。但由于通信线路总长度较长,因此成本较高。同时对中心节点的可靠性要求高,中心节点出故障将会引起整个网络瘫痪。

(2)环形结构没有路径选择问题,网络管理较简单。但信息在传输过程中要经过环路上的许多节点,容易因某个节点发生故障而导致整个网络的通信中断。另外网络的吞吐能力较差,适用于信息传输量不大的情况,一般用于局域网。

(3)网形结构可靠性高,但所需通信线路总长度长,投资成本高,路径选择技术较复杂,网络管理也比较复杂。一般在局域网中较少采用。

(4)树形结构是一个在分级管理基础上集中式的网络,适合于各种统计管理系统。但任一节点的故障均会影响它所在支路网络的正常工作,故可靠性要求较高,而且越高层次的节点,其可靠性要求越高。

(5)总线型结构网络中,任何一节点的故障都不会使整个网络发生故障,相对而言,这种网络比较容易扩展。

9.3.4 计算机网络的组成

计算机网络要实现数据处理和数据通信两大功能,在结构上可以分成两部分:负责数据处理的计算机与终端;负责数据通信处理的通信控制处理机与通信线路。从计算机网络组成的角度看,典型的计算机网络从逻辑功能上可以分为资源子网和通信子网两部分。

1.资源子网

资源子网由主机、终端及软件等组成,提供访问网络和处理数据的功能。主机负责数据处理,运行各种应用程序,它通过通信子网的接口与其他主机相连接。终端直接面对用户,为用户提供访问网络资源的接口。软件负责管理、控制整个网络系统正常运行,为用户提供各种实际服务。

2.通信子网

通信子网由网络节点、通信链路及信号变换器等组成,负责数据在网络中的传输与通信控制。网络节点负责信息的发送和接收及信息的转发等功能,根据其作用不同,又可分为接口节点和转发节点。接口节点是资源子网和通信子网之间信息传输的必经之路,负责管理和收发本地主机的信息;转发节点则为远程节点送来的信息选择一条合适的链路,并转发出去。通常,网络节点本身就是一台计算机,设置在主机与通信链路之间,以减轻主机的负担,提高主机的效率。通信链路是两个节点之间的一条通信通道,常被称为信道。信号变换器完成数字信号和模拟信号之间的变换。

9.3.5 IP 电话

IP 电话是基于因特网网络协议,并利用多种通信网进行实时语音通信的通信方式。IP 通信网是基于多种通信网实现 IP 电话通信的通信网,是现代数据通信网的业务网之一。传统的电话网是通过电路交换网传送电话信号,IP 电话则是通过分组交换网传送电话信号。在 IP 电话网中,主要采用语音压缩技术和语音分组交换技术,平均每路电话实际占用的带宽仅为 4Kbit/s。

受诸多因素影响,IP 电话还需考虑通信标准、承载网络与通话质量等方面。

9.3.6　任务小结

通过对计算机网络的功能、分类及 IP 电话相关知识的学习。李雷对 IP 电话通信方式有了了解。

9.4　任务四　物联网技术及应用

知识目标:了解物联网的概念、技术及应用
能力目标:了解物联网的特征、技术及应用
素质目标:通过物联网的技术特征掌握物联网在各行业的应用
教学重点:物联网的特征、技术
教学难点:物联网特征、技术在各行业中的作用

目前国内被普遍引用的物联网(Internet Of Things,IOT)定义是:通过射频识别(RFID)、红外感应器、全球定位系统、激光扫描器等信息传感设备,按约定的协议,把任何物品与互联网连接起来,进行信息交换和通信,以实现智能化识别、定位、跟踪、监控和管理的一种网络。

9.4.1　任务描述

物联网使李雷产生了强烈的好奇心。老师建议他学习物联网技术相关知识。

9.4.2　物联网(**IOT**)的特征

①全面感知,即利用传感器、RFID 等随时随地获取物体的信息;
②可靠传递,通过承载网,将物体的信息实时准确地传递出去;
③智能处理,利用云计算、模糊识别等智能计算技术,对海量数据和信息进行分析和处理,对物体实施智能化的管理。

9.4.3　物联网技术

物联网利用的技术主要有无线射频识别(RFID)技术、无线传感网络(WSN)技术、IPv6 技术、云计算技术、纳米技术、无线通信技术、智能终端技术等。

1.无线射频识别(RFID)技术

无线射频识别是一种非接触式的自动识别技术,一般由阅读器、应答器(标签)和应用

系统三部分组成。它的工作原理是：使用射频电磁波，通过空间耦合（交变磁场或电磁场），在阅读器和进行识别、分类、跟踪的移动物品（物品上附着有 RFID 标签）之间，实现无接触信息传递，并通过所传递的信息达到识别目的。RFID 是一种利用电磁能量实现自动识别和数据捕获的技术，可以完成无人看管的自动监视与报告作业。

2. 无线传感网络（WSN）技术

无线传感器网络（WSN）是由大量传感器节点通过无线通信方式形成的一个多跳自组织网络系统，其目的是协作地感知、采集和处理网络覆盖区域中感知对象的信息，它能够实现数据的采集量化、处理融合和传输应用。它具有网络规模大、网络自动组织、网络构成处于动态、网络可靠、需要应用相关的网络以及网络以数据为中心等特点。

3. IPv6 技术

目前的互联网是在 IPv4 协议的基础上运行的，IPv6 是下一版本的互联网协议。IPv4 采用 32 位的地址长度，只有大约 43 亿个地址，而 IPv6 采用 128 位的地址长度，可以解决互联网地址空间不足的问题，实现更多的端到端的连接功能。除此之外，IPv6 还考虑了其他在 IPv4 中解决不好的问题。IPv6 的主要优势体现在以下几个方面：扩大地址空间、提高网络的整体吞吐量、改善服务质量（QoS）、安全性有更好的保证、支持即插即用和移动性、更好地实现多播功能。

4. 云计算技术

云计算是分布式处理、并行处理和网格计算技术的发展，其最基本的概念是通过网络将庞大的计算处理程序自动分拆成无数个较小的子程序，再交由多部服务器所组成的庞大系统经搜寻、计算分析之后将处理结果回传给用户。透过这项技术，网络服务提供者可以在数秒之内，达成处理数以千万计甚至亿计的信息，提供和"超级计算机"同样强大效能的网络服务。最简单的云计算技术在网络服务中已经随处可见，例如搜寻引擎、网络信箱等，使用者只要输入简单指令即能得到大量信息。对于小到需要使用特定软件、大到模拟卫星的周期轨道以及数据的存储、公司的管理等任何需要，云计算都可以满足，可以说它包含了你能想到的和你想不到的各种功能。

5. 纳米技术

目前，纳米技术在物联网技术中的应用主要体现在 RFID 设备、感应器设备的微小化设计、加工材料和微纳米加工技术上。

6. 无线通信技术

M2M 技术用于双向通信，使物物相连，是无线通信和信息技术的整合，是物联网实现的关键。M2M 技术原意是机器对机器（Machine To Machine）通信，是指所有实现人、机器、系统之间建立通信连接的技术和手段。广义上讲，M2M 技术也指人对机器（Man To Machine）、机器对人（Machine To Man）以及移动网络对机器（Mobile To Machine）之间的连接与通信。从狭义的物联网通信角度看，M2M 技术特指基于蜂窝移动通信网络通过程序控制，自动完成通信的无线终端间的交互通信。一个完整的 M2M 系统由传感器（或监控设备）、M2M 终端、蜂窝移动通信网络、终端管理平台与终端软件升级服务器、运营支撑系统、行业应用系统等环节构成。它可以结合 GSM/USSD/GPRS/CDMA/UMTS 等远距离连接技术，也可以结合 WiFi、蓝牙、Zigbee、RFID 和 UWB 等近距离连接技术，此外还可以结合 XML 和 Corba，以及基于 GPS、无线终端和网络的位置服务技术等。

7.智能终端技术

物联网的实现离不开智能终端，智能终端种类很多。从传输方式来分，主要分为以太网终端、WiFi 终端、2G 终端、3G 终端等，有些智能终端具有上述两种或两种以上的接口；从使用扩展性来分，主要分为单一功能终端和通用智能终端两种；从传输通道来分，主要分为数据透传终端和非数据透传终端。目前影响物联网终端推广的一个主要原因是标准化问题。

9.4.4　物联网技术框架结构

物联网技术的框架结构包括感知层技术、网络层技术、应用层技术和公共技术。

①感知层技术：数据采集与感知主要用于采集物理世界中发生的物理事件和数据，包括各类物理量、标识、音频、视频数据。物联网的数据采集涉及传感器、RFID、多媒体信息采集、二维码和实时定位等技术。

传感器网络组网和协同信息处理技术实现传感器、RFID 等数据采集技术所获取数据的短距离传输，自组织组网以及多个传感器对数据的协同信息处理。

②网络层技术：提供更加广泛的互连功能，能够把感知到的信息无障碍、高可靠性、高安全性地进行传送，需要传感器网络与移动通信技术、互联网技术相融合。经过十余年的快速发展，移动通信、互联网等技术已比较成熟，基本能够满足物联网数据传输的需要。

③应用层技术：应用层主要包含应用支撑平台子层和应用服务子层。其中应用支撑平台子层用于实现跨行业、跨应用、跨系统之间的信息协同、共享、互通的功能。应用服务子层包括智能交通、智能医疗、智能家居、智能物流、智能电力等行业应用。

④公共技术：公共技术不属于物联网技术的某个特定层面，而是与物联网技术架构的三层都有关系，它包括标识与解析、安全技术、网络管理和服务质量（QoS）管理。

9.4.5　物联网的应用

物联网已被广泛应用于交通、电网、医疗、工业、农业、环保、建筑、空间及海洋探索、军事等领域。

（1）智能交通

应用大量传感器组成网络，并与各种车辆保持联系，监视每一辆汽车的运行状况，如制动状况、发动机调速时间等，并根据具体情况完成自动车距保持、潜在故障告警、最佳行车路线推荐等,使汽车可以保持在高效低耗的最佳运行状态。

（2）智能电网

物联网技术在电网领域主要涉及无线抄表、智能用电,电力巡检、电气设备、输电线路状态检测、电力抢修管理等方面。

（3）智能医疗

医生可以利用网络传感器,随时对病人的各项健康指标以及活动情况进行监测,这为远程医疗提供极大便利。物联网技术在医疗健康领域具有巨大的发展潜力。

（4）智能建筑

智能建筑涉及的物联网技术领域主要有:监控系统、安防管理系统、远程视频会议系统、建筑管理系统、综合布线系统、卫星电视系统、智能一卡通、故障分析和能耗管理等。

（5）工业自动化

在冶金工业中,物联网技术主要涉及能源管理、测控系统、设备维护等方面。在汽车工业中,物联网技术主要涉及生产线控制系统、设备监测、零部件库存、物流跟踪等方面。

（6）精细农牧业

在农业方面,物联网技术主要涉及土壤墒情与水环境监测、旱情监测预警、节水灌溉等方面。

（7）生态监测

在生态监测系统中,通过传感器可以收集包括温度、湿度、光照和二氧化碳浓度等多种数据。可应用的领域有:森林监测、森林观测和研究、湖泊监测、火灾风险评估、野外救援等。

（8）军事领域

由于实现物联网的传感网络具有密集型和随机分布的特点,因此它非常适用于恶劣的战场环境中,包括侦察敌情、监控兵力、装备物资、判断生物化学攻击等。

总之,物联网无处不在。随着物联网的广泛应用,我们的地球将变得可感应、可度量、互连互通以及更加智能。

9.4.6　任务小结

本章对物联网进行了详细介绍。通过学习,李雷认识到物联网已被广泛应用于交通、电网、医疗、工业、农业、环保、建筑、空间及海洋探索、军事等领域。

学习项目十　通信电源系统

10.1　任务一　通信电源系统的要求及供电方式

知识目标：了解通信系统对电源设备的要求及供电方式
能力目标：了解通信设备对电源交、直流的需求指标
素质目标：通过通信系统电源要求认识电源系统在通信中的作用
教学重点：通信系统电源要求中交、直流电源的工作指标
教学难点：通信系统的供电要求及各项因素对供电方式的影响

10.1.1　任务描述

所有的通信系统都需要供电。李雷对电源系统的认知很少,老师建议他对通信电源系统进行学习。

10.1.2　通信电源系统要求

通信电源是通信设备的心脏,在通信系统中,占有举足轻重的地位。通信设备对电源系统的要求是:可靠、稳定、小型、高效。通信局(站)电源系统应有完善的接地与防雷设施,具备可靠的过压保护和雷击防护功能,电源设备的金属壳体应有可靠的保护接地功能;通信电源设备及电源线应具有良好的电气绝缘层,绝缘层有足够大的绝缘电阻和绝缘强度;通信电源设备应具有保护与告警功能。除此之外,对通信电源系统还有以下要求:

①由于微电子技术和计算机技术在通信设备中的大量应用,通信电源瞬时中断除了会造成整个通信电路的中断,还会丢失大量的信息。为了确保通信设备正常运行,必须提高电源系统的可靠性。由交流电源供电时,交流电源设备一般都采用交流不间断电源(UPS)。在直流供电系统中,一般采用整流设备与电池并联浮充供电方式。同时,为了确保供电的可靠,还采用由两台以上的整流设备并联运行的方式,当其中一台发生故障时,另一台可以自动承担为全部负载供电的任务。

②各种通信设备要求电源电压稳定,不能超过允许变化范围。电源电压过高,会损坏通信设备中的元器件;电压过低,设备不能正常工作。

交流电源的电压和频率是衡量其电能质量的重要指标。由 380/220V、50Hz 的交流电源供电时,通信设备电源端子输入电压允许变动范围为额定值的 $-10\%\sim+5\%$,频率

允许变动范围为额定值的$-4\%\sim+4\%$,电压波型畸变率应小于5%。

直流电源的电压和杂音是衡量其电能质量的重要指标。由直流电源供电时,通信设备电源端子输入电压允许变动范围为$-57\sim-40V$,直流电源杂音应小于$2mV$,高频开关整流器的输出电压应自动稳定,其稳定精度应不超过$\pm0.6\%$。

③设备或系统在电磁环境中应正常工作,且应不对该环境中任何事物造成不能承受的电磁干扰。这有两方面的含义,一方面任何设备不应干扰别的设备正常工作,另一方面对外来的干扰有抵御能力,即电磁兼容性包含电磁干扰和对电磁干扰的抗扰度两个方面。

④为了适应通信的发展,电源装置必须小型化、集成化,能适应通信电源的发展和扩容。各种移动通信设备和航空、航天装置更要求体积小、重量轻、便于移动的电源装置。

⑤随着通信技术的发展,通信设备容量的日益增加,电源负荷不断增大。为了节约电能,提高效益,必须提高电源设备的效率,并在有条件的情况下采用太阳能电源和风力发电系统。

10.1.3　通信电源系统的供电方式

目前通信局(站)采用的供电方式主要有集中供电、分散供电、混合供电和一体化供电四种方式。

①集中供电方式:由交流供电系统、直流供电系统、接地系统和集中监控系统组成。采用集中供电方式时,通信局(站)一般分别由两条供电线路组成的交流供电系统和一套直流供电系统为局内所有负载供电。交流供电系统属于一级供电。

②分散供电方式:在大容量的通信枢纽楼,由于所需的供电电流过大,集中供电方式难以满足通信设备的要求,因此,采用分散供电方式为负载供电。直流供电系统可分楼层设置,也可以按各通信系统设置多个直流供电系统。但交流供电系统仍采用集中供电方式。

③混合供电方式:在无人值守的光缆中继站、微波中继站、移动通信基站,通常采用交、直流电源与太阳能电源,风力电源组成的混合供电方式。采用混合供电方式的电源系统由市电、柴油发电机组、整流设备、蓄电池组、太阳电池、风力发电机等部分组成。

④一体化供电方式:通信设备与电源设备装在同一机架内,由外部交流电源直接供电。如小型用户交换机,一般采用这种供电方式。

10.1.4　任务小结

本章介绍了通信电源的要求及供电方式。李雷了解了通信设备的不同电源接入方式。

10.2　任务二　通信电源系统的组成及功能

知识目标:了解交流、直流供电系统,接地系统,集中监控系统

能力目标：了解通信系统交、直流供电所供电设备

素质目标：熟悉通信系统中各设备对供电的需要及应用

教学重点：交、直流电应用设备及组成部分

教学难点：区分交、直流供电系统（包括内容的区分）

10.2.1　任务描述

电源系统比较复杂，老师建议李雷对交流、直流供电系统，接地系统，集中监控系统等内容进行学习。

10.2.2　交流供电系统

交流供电系统包括交流供电线路、燃油发电机组、低压交流配电屏、逆变器、交流不间断电源（UPS）等部分。

①市电应由两条供电线路引入，经高压柜、变压器把高压电源（一般为 10kV）变为低压电源（三相 380V）后，送到低压交流配电屏。

②燃油发电机组是保证不间断供电的必不可少的设备，一般为两套。在市电中断后，燃油发电机自动启动，为整流设备和照明设备供给交流电。

③低压交流配电屏可完成市电和燃油发电机的自动或人工转换，将低压交流电分别送到整流器、照明设备和空调装置等用电设施，并可监测交流电电压和电流的变化。当市电中断或电压发生较大变化时，能够自动发出声、光告警信号。

④在市电正常时，市电经整流设备整流后为逆变器内的蓄电池浮充充电。当市电中断时，蓄电池通过逆变器（DC/AC 变换器）自动转换，输出交流电，为需要交流电源的通信设备供电。在市电恢复正常时，逆变器又自动转换为由市电供电。

⑤无论市电正常或中断时，交流不间断电源（UPS）都可提供交流。工作原理同逆变器。逆变器实际上是交流不间断电源的一部分。

10.2.3　直流供电系统

直流供电系统由直流配电屏、整流设备、蓄电池、直流变换器（DC/DC）等部分组成。

①直流配电屏：可接入两组蓄电池，其中一组供电不正常时，可自动接入另一组工作。同时，它还可以监测电池组输出总电压、电池浮/均充电电流和供电负载电流，可发出过压、欠压和熔断器熔断的声、光告警信号。

②整流设备：输入端由交流配电屏引入交流电，其作用是将交流电转换成直流电，输出端通过直流配电屏与蓄电池和需供电的负载并联连接，并向它们提供直流电。

③蓄电池：处于整流器输出并联端。当市电正常时，由整流器浮/均充电，不断补充蓄电池的电能，并使蓄电池保持在电量充足的状态。当市电中断时，蓄电池自动为负载提供直流电，不需要任何切换。

④直流变换器（DC/DC）：可将基础直流电源的电压转换成通信设备所需要的各种直流电源电压，以满足负载对电源电压的不同要求。

10.2.4　接地系统

接地系统有交流工作接地、直流工作接地、保护接地和防雷接地等,现一般采取将这四者联合的接地方式。

①交流工作接地可保证相间电压稳定。

②直流工作接地可保证直流通信电源的电压为负值。

③保护接地可避免电源设备的金属外壳因绝缘受损而带电。

④防雷接地可防止设备因雷电瞬间过压而损坏。

联合接地是将交流接地、直流接地、保护接地和防雷接地共用一组地网,这组地网由接地体、接地引入线、接地汇集排、接地连接线及引出线等部分组成,是一个闭合的网状网络,地网的每个点都是等电位的。

机房内接地线的布置方式有两种形式,在较大的机房为平面式,在小型机房为辐射式。

10.2.5　集中监控系统

集中监控系统可以对通信局(站)实施集中监控管理,对分布的、独立的、无人值守的电源系统内各设备进行遥测、遥控、遥信,还可以监测电源系统设备的运行状态,记录、处理相关数据和检测故障,告知维护人员及时处理,以提高供电系统的可靠性和设备的安全性。

10.2.6　任务小结

本章对通信电源及接地系统作了介绍。通过学习,李雷掌握了通信系统中各设备对供电的需要及应用。

10.3　任务三　通信电源系统蓄电池的充放电特性

知识目标:了解蓄电池工作原理及通信行业所使用的蓄电池类型及指标

能力目标:了解蓄电池主要指标及特性

素质目标:通过对蓄电池主要指标的学习来理解蓄电池充放电的特性

教学重点:蓄电池充电、放电及浮充原理

教学难点:蓄电池充电、放电及浮充在通信系统中的作用

10.3.1　任务描述

蓄电池是通信系统中必不可少的部分。老师建议李雷学习通信电源系统蓄电池的充放电特性。

10.3.2　蓄电池的工作特点及主要指标

蓄电池是将电能转换成化学能储存起来,需要时将化学能转变成电能的一种储能装置。蓄电池由正负极板、隔板(膜)、电池槽(外壳)、排气阀或安全阀以及电解液(硫酸)五个主要部分组成。

目前,通信行业已广泛使用阀控式密封铅酸蓄电池(免维护电池)。但在一些中心机房,容量较大的电池组仍继续以固定型铅酸蓄电池为主。

(1)阀控式密封铅酸蓄电池由正负极板、隔板、电解液、安全阀、外壳等部分组成。正负极板均采用涂浆式极板,具有很强的耐酸性、很好的导电性和较长的寿命,自放电速率也较小。隔板采用超细玻璃纤维制成,全部电解液注入极板和隔板中,电池内没有流动的电解液,顶盖上还备有内装陶瓷过滤器的气阀,它可以防止酸雾从蓄电池中逸出。正负极接线端子用铅合金制成,顶盖用沥青封口,这种蓄电池具有全封闭结构。

在这种阴极吸收式阀控密封铅酸蓄电池中,负极板活性物质总量比正极多15%,当电池充电时,正极已充足,负极尚未达到容量的90%,因此,在正常情况下,正极会产生氧气,而负极不会产生难以复合的氢气。蓄电池隔板为超细玻璃纤维隔膜,留有气体通道,解决了氧气的传送和复合问题。在实际充电过程中,氧气复合率不可能达到100%。如果充电电压过高,电池内会产生大量的氧气和氢气,为了释放这些气体,当气压达到一定数值,电池顶盖的排气阀会自动打开,放出气体;当气体压力降到一定值后,气阀能自动关闭,阻止外部气体进入。

在该电池中,负极板上活性物质(海绵状铅)在潮湿条件下,活性很高,能够与正极板快速反应,产生氧气,生成水,同时电池又具有全封闭结构,因此在使用中一般不需要加水补充。

(2)蓄电池的主要指标包括电池电动势、内阻、终了电压、放电率、充电率、循环寿命。

①电池电动势(E):蓄电池在没有负载的情况下测得的正、负极之间的端电压,也就是开路时的正负极端子电压。

②蓄电池的内阻(R):在蓄电池接上负载后,测出端子电压(U)和流过负载的电流(I),这时蓄电池的内阻(R)为($E-17$)$/I$。蓄电池的内阻应包括:蓄电池正负极板、隔板(膜)、电解液和连接物的电阻。电池的内阻越小,蓄电池的容量就越大。

③终了电压:是指放电至电池端电压急剧下降时的临界电压。如再放电就会损坏电池,此时电池端电压称为终了电压。不同的放电率有不同的放电终了电压。

④放电率:蓄电池在一定条件下,放电至终了电压的快慢被称为放电率。放电率的大小,用时间率和电流率来表示。常用的放电率为10h率,即在10h内将蓄电池的容量放至终了电压。蓄电池容量的大小随着放电率的大小而变化,放电率低于正常放电率时,可得到较大的容量,反之容量就减小。

⑤充电率:蓄电池在一定条件下,充电到额定容量所需的恒定电流值被称为充电率。常用的充电率是10h率,即充电的时间达到10h后,才达到充电终期。当缩短充电时间时,充电电流必须加大;反之,充电电流可减小。

⑥循环寿命:蓄电池经历一次充电和放电,称为一次循环。蓄电池所能承受的循环次

数称为循环寿命。固定型铅酸蓄电池的循环寿命约为 300～500 次,阀控式密封铅酸蓄电池循环寿命约为 1000～1200 次,使用寿命一般在 10 年以上。

10.3.3　蓄电池的充放电特性

1.放电

用大电流放电,极板的表层与周围的硫酸迅速作用,生成的硫酸铅颗粒较大,使其硫酸浓度降低,电解液的电阻增大。颗粒较大的硫酸铅又阻挡了硫酸进入极板内层与活性物质发生电化学反应,所以电压下降快,放电将会超过额定容量很多,导致深度过量放电,造成极板的硫酸化,甚至造成极板的弯曲、断裂等。用小电流放电,硫酸铅在电解液中生成的晶体较细,不会遮挡中间隔板,硫酸渗透到极板比较顺利,电压下降较慢,不会造成深度放电,有利于蓄电池的长期使用。

2.充电

充电终期电流过大,不仅使大量电能消耗,而且由于冒气过甚,会使电池极板的活性物质受到冲击而脱落,因此在充电终期采用较小的电流值是有益的。充电的终了电压并不是固定不变的,它是充电电流的函数,蓄电池充电完成与否,不仅要根据充电终了电压判断,还要根据蓄电池接受所需要的电能,以及电解液相对密度等来判断。

浮充充电就是用整流设备和电池并联供电,由整流设备浮充蓄电池供电,并补充蓄电池组已放出的电能及自放电的消耗。

均衡充电,即过充电。因蓄电池在使用过程中,有时会产生相对密度、容量、电压等不均衡的情况,应进行均衡充电,使电池都达到均衡一致的良好状态。均衡充电一般要定期进行。如果出现放电过量造成终了电压过低、放电超过容量标准的 10%、经常充电不足造成极板处于不良状态、电解液里有杂质、放电 24h 未及时补充电、市电中断导致全浮充放出近一半的电能等情况,都要随时进行均衡充电。

10.3.4　任务小节

通过本章的学习,李雷掌握了蓄电池的主要指标、蓄电池充放电的特性。

10.4　任务四　通信用太阳能供电系统内容

知识目标:了解太阳能电源的优、缺点及种类
能力目标:了解太阳电池的工作原理
素质目标:了解太阳能电源的优、缺点及种类
教学重点:太阳电池的种类及供电系统组成
教学难点:在太阳能供电系统组成中如何选用不同类型的电池

10.4.1　任务描述

太阳能电池已经广泛应用,李雷想了解太阳能电源在通信行业中的应用,老师建议他学习通信用太阳能供电系统。

10.4.2　太阳电池的特点

太阳具有巨大的能量。这种能量通过大气层到达地球表面,使地球表面吸收大量的能量。长期以来,辐射到地球表面的太阳能一直没有得到充分利用,随着科学的发展,太阳能利用技术正在被逐步开发。

太阳电池是近年来发展起来的新型能源。这种能源没有污染,是一种光电转换的环保型绿色能源,特别适用于阳光充足、日照时间长、缺乏交流电的地方,如我国的西部地区以及部分偏远地区。太阳电池为无人值守的光缆传输中继站、微波站、移动通信基站提供了可靠的能源。

1.太阳能电源的优点

与其他能源系统相比较,太阳能电源具有取之不尽,用之不竭,清洁、静止、安全、可靠、无公害等优点。太阳能电源是利用太阳电池的光-电量子效应,将光能转换成电能的电源系统。它既无转动部分,又无噪声,也无放射性,更不会爆炸,维护简单,不需要经常维护,容易实现自动控制和无人值守。太阳能电源安装地点可以自由选择,搬迁方便,而不像其他发电系统,安装点必须经过选择,而且也不易搬迁。同时,太阳能电源系统与其他电源系统相比,可以随意扩大规模,达到增容目的。

2.太阳能电源的缺点

太阳能电源的能量与日照量有关,因此输出功率将随昼夜、季节而变化。太阳能电源输出能量的密度较小,因此占地面积较大。

3.太阳电池的种类

目前,因材料、工艺等问题,实际生产并应用的只有硅太阳电池、砷化镓太阳电池、硫(碲)化镉太阳电池三种。

①单晶硅太阳电池是目前在通信系统中应用最广泛的一种硅太阳电池,其效率可达18%,但价格较高。为了降低价格,现已大量采用多晶硅或非晶硅来制作太阳电池。多晶硅太阳电池效率可达14%,非晶硅太阳电池效率可达6.3%。

②砷化镓太阳电池抗辐射能力很强,目前主要用于宇航及通信卫星等空间领域。由于砷化镓太阳电池工作温度较高,可采用聚光照射技术,以获得最大输出功率。

③硫化镉太阳电池有两种结构,一种是将硫化镉粉末压制成片状电池,另一种是将硫化镉粉末通过蒸发或喷涂制成薄膜电池,它具有可绕性,携带、包装方便,工艺简单,成本低等特点,最高效率可达9%。但是由于其稳定性差,寿命短,同时又会污染环境,因此发

展较慢。

10.4.3　硅太阳电池的工作原理

硅太阳电池的工作原理是：当光照射到硅板的 P-N 结上时，就会产生电子-空穴对。由于受内部电场的作用，电子流入 N 区，P 区多出空穴，结果使 P 区带正电，N 区带负电，在 P 区与 N 区之间产生电动势，使得太阳能转换成了电能。

太阳电池是一种光电转换器，只有在有一定光强度的条件下，才会产生电。因此，在通信机房只配备太阳电池是不够的，还必须配有储能设备即蓄电池，才能完成供电任务。

10.4.4　太阳电池供电系统的组成

太阳电池供电系统按基本结构不同可分为直流、交流和直流-交流混合供电系统。

（1）太阳电池直流供电系统由直流配电盘、蓄电池和太阳电池方阵等组成。在正常情况下，由太阳电池向通信设备供电并向蓄电池浮/均充电。在晚间和阴雨天，由蓄电池向通信设备供电。

（2）太阳电池交流供电系统由交流配电盘、逆变设备、整流设备、UPS 交流不间断电源、发电机组等组成。当长期阴雨天气，太阳电池和蓄电池电量都不足时，应由发电机组发电，通过接在交流配电盘输出端的整流设备向通信设备供直流电，并同时向蓄电池浮/均充电。

（3）太阳电池的直流和交流供电系统都可以与市电联网供电，组成直流-交流混合供电系统。

10.4.5　任务小结

通过本章学习，李雷了解了太阳能供电系统的供电原理及特点，掌握了太阳电池供电系统的组成。